女人

情绪

舒曼 著

心理学

苏州新闻出版集团

古吴轩出版社

图书在版编目（CIP）数据

女人情绪心理学 / 舒曼著. -- 苏州：古吴轩出版
社, 2017. 11（2023.7重印）
ISBN 978-7-5546-1019-0

Ⅰ. ①女… Ⅱ. ①舒… Ⅲ. ①女性－情绪－自我控制
－通俗读物Ⅳ. ①B842.6-49

中国版本图书馆CIP数据核字（2017）第248031号

责任编辑： 王　琦
见习编辑： 薛　芳
策　　划： 沐　心
装帧设计： 胡椒书衣

书　　名： **女人情绪心理学**
著　　者： 舒　曼
出版发行： 苏州新闻出版集团
　　　　　　古吴轩出版社
　　　　　地址：苏州市八达街118号苏州新闻大厦30F
　　　　　电话：0512-65233679　　邮编：215123
出 版 人： 王乐飞
印　　刷： 唐山市铭诚印刷有限公司
开　　本： 710×1000　　1/16
印　　张： 14
版　　次： 2017年11月第1版
印　　次： 2023年7月第3次印刷
书　　号： ISBN 978-7-5546-1019-0
定　　价： 39.80元

如有印装质量问题，请与印刷厂联系。022-69236860

做自己情绪的掌控者

女人的情绪像雾像雨又像风，来也匆匆，去也匆匆，是世间最难以捉摸的存在。作为当今世界最聪明的人之一的霍金对女人也无能为力，他说："女人是最大的谜。"正是因为女人难以捉摸，对女人情绪的探索才愈加有必要。

如果我们仅仅将情绪当作大脑可规划、可分类的生理反应，那就相当于将塞缪尔·贝克特的《等待戈多》看作是一个无聊作家对普世荒芜的疯狂臆想，抑或将莫奈的《日出》看作是泼了颜料的画布——那么我们的生活将失去意义和趣味。

长久以来，人们对女性情绪采取了一种妖魔化的态度。作为女人，我们从小就被灌输这样的言论：女人不能在众人面前流泪，女人歇斯底里是有失仪态的；女人都拥有一颗敏感易碎的"玻璃心"；女人就是矫情，动不动就拿安全感来当借口；女人总是容易大惊小怪、焦虑抑郁，她们认为什么心理病时尚，就得什么心理病；女人天生爱嫉妒，占有欲强。

其实女人情绪上的变化都是有原因的，无论是多愁善感、一往情深，还是时不时涌出的不满，这些情绪变化都是女性心理的一系列映射。

不可否认，女人的情绪化的确会给自己和身边人带来很多烦恼。情绪失控的时候，她们就是麻烦制造者，时常使用怀疑、指责的语气，说出充满攻击性的话。生活中遇到任何不值一提的小事，都能在她们的心头掀起惊涛骇浪。这些负面情绪张牙舞爪地控制着她们的心理和行为，导致女人的嫉妒心、占有欲和控制欲发作起来连她们自己都害怕。

因此，作为女人，只有了解自己为什么会无端地情绪化，才能更好地管理自己的情绪或者帮助其他女性朋友管理好情绪。闹情绪本无可厚非，但要知道如何去缓释和消解负面情绪。一种情绪之所以困扰你，是因为你没能真正认清它。每个人都有成百上千种情绪，它们交织在一起，相互转化，愤怒中或许夹杂愧疚，傲娇背后隐藏着焦虑，本身就是矛盾体的女人更难认清自己情绪的真面目。一个女人心理健康的重要标志，恰恰就是了解自己的各种情绪，知道它们因何产生，懂得如何将它们用无害的形式表达出来，从而释放自己的负面情绪。

这就是编写这本书的意义之所在。

《女人情绪心理学》的每一章都探究了一种情绪，从敏感情绪、焦虑情绪、嫉妒情绪、占有欲等入手，力图揭示女人常见情绪背后的心理学奥秘，帮助女性朋友识别自己内心的情绪变化，了解自己情绪产生的根源，从而主宰自己的情绪，让自己的内心更平静、更快乐。

目录 *Contents*

第六章

买得来快感，买不来快乐

第七章

所有的嫉妒，都来源于不自信

第一章

敏感，让你与幸福擦肩而过

敏感是女人最显著的情绪表现之一。太敏感的女人，大多数都不幸福，因为她们太在意别人的目光。女人应该学着掌控自己的情绪，明白自己是平凡的人，不可能被所有人喜欢，但也不会被所有人讨厌，所以每一个女人都不要妄自菲薄，也无须怨天尤人。

情绪黑洞：敏感

不了解我的人都以为我是个"女汉子"，并且我给人的印象是思维活跃、幽默感十足。

但是只有特别亲近或是性情相近的人才知道，我放纵不羁的外表下同样藏着一颗"玻璃心"。

我对"玻璃心"的解读就是敏感、脆弱。

记得上中学的时候，有一天，我跟妈妈一起去买鞋，妈妈让我自己选，我就随便挑了一双。我付了钱正打算走人，转身看见了我的同班同学静怡，她是那种规规矩矩的文静女孩。静怡看见我讶异地说："咱们两个人的鞋子一样呀。"我看了一下她手里拎着的那双鞋，果真一模一样。我打趣地说："我的脚比较大，鞋码肯定是不一样的。"她只是笑了笑。接着我们又随意地聊了些别的，就各自回家了。

大概在一周后的体育课上，事情发生了转折。我们一群小女生正围在一起叽叽喳喳地说笑着，静怡突然像发现了新大陆一样，提高了声调说："哎呀，你们快看，我和曼曼的鞋子一模一样啊！"那种惊讶的语气简直如同第一次看到我的这双鞋一样。

所有小伙伴的目光瞬间都聚集在我们俩的鞋子上。

她的，颜色鲜亮，崭新如初。

我的，颜色暗沉，破旧褶皱。

没错，我们俩的鞋都只穿了一周，我就是有一周内把新鞋穿烂的本领。

小伙伴们的目光像针一样扎在我的脚上，扎在我的心上。藏在内心深处的羞耻感，在此刻一股脑儿地涌了上来，我开始变得畏畏缩缩。我的脸涨得通红，深深地觉得自尊心正被人拉扯着、嘲笑着、鞭笞着，而我无地遁逃。

这种情绪自从露了头，就一发不可收拾。自此以后，我出门之前必先擦鞋，还要检查仪容。在路上遇到穿同样鞋子的人，我就会浑身不自在，必须立刻回家换鞋，并且扔掉和别人一样的那双。

我开始变得十分在意别人的目光以及别人对我的评价。敏感的情绪像潮水一样在我心中蔓延：我会对一个人的无心之言揣摩许久，会因为别人的一个语气词殚精竭虑，会被某件不起眼的小事摧毁三观。我内心风起云涌的时候，别人往往不会有所察觉，因为，我学会了隐藏自己的情绪。

我相信不只是我，很多人都在用生命演绎着"庸人自扰"，不仅为难自己，也苛责别人。

但是，事情永远不是我们所想的那样悲观和消极。敏感的人只是希望自己想要的能与这个世界和谐一致，不管这个世界的标准是对是错。其实，敏感的人心里都有个很累的小孩，因为不接纳自己而焦虑、自卑、脆弱，我们小心翼翼地做个乖孩子，只是想得到更多的爱。我们极其看重别人的看法和行为，只是因为我们想和每个人做朋友。我们也会爱上别人，面对自己心爱的人，我们因为敏感使尽浑身解数，却逃不出没有安全感的怪圈。

后来，随着年龄的增长，我们渐渐地明白，没有必要和每一个人都成为朋友，没有必要让所有人都喜欢自己，也不必执着于别人的目光。我们要做的是找到属于自己的那一片领地，在那里我们思想的种子能够扎根，然后开花、结果。我们活在世界上固然应该关心、善待他人，但是，我们更应该学会的是善待自己。

别让过分的疑心，迷失了心智

女人在二十几岁的时候特别容易迷茫，因为想法太多，能力却很有限。

陈晴便是这样的女孩。

我和陈晴算是发小，两家住得很近，年纪又相仿，小女孩们总是喜欢拉帮结派，依偎在一起叽叽喳喳地说个不停。虽然初中的时候我搬家了，但是自小的情谊还在，所以我和她的关系依然很好，时常一起吃饭、逛街。毕业后，她在一家小有名气的公司做宣传策划，这份工作来之不易，她十分珍惜。

陈晴工作的地方离我家很近，我们经常碰面。有一天她约我在一个位于黄金地段的小咖啡馆见面，店内装潢很小资，生意很好。我们各自坐定后，点了咖啡。我见她一脸忧郁的神色，于是问她："怎么了，最近有不开心的事吗？怎么看起来这么苦大仇深的？"

她"扑哧"一声被我逗笑了："有这么明显吗？我看起来很不开心吗？"

我颇为郑重地点了点头。

她叹息了一声，开始诉说："我们公司最近接了一个大项目，领导十分重视，交由我们部门的三个人负责，这三个人之中就有我。做策划案的时候我的意见和另外两个人的相左，本来这也没什么，可是我去茶水间的时候看见她们两个人悠闲地坐在沙发上交头接耳，好像在说些什么，不时地还小声笑出来。并且发现我注意到她们了，她们就收敛了笑容，很从容地向我打招呼，我……"

见她支支吾吾，我忍不住问她："你是不是怀疑她们在说你的坏话？"

"不是怀疑，是肯定。"她愤愤地说，"有什么意见不能当面提出来，非要背后嚼舌根？！"

我说："女人不都是爱聊八卦的生物？她们可能并没有在议论你。"

陈晴显然很激动："可是我们在工作上确实有意见冲突，而且我觉得她们看我的眼神都不一样了。"

我不知道该怎么开解她，只好问她："你就是因为这件事郁郁寡欢？你有没有想过这件事很可能子虚乌有，是你臆想出来的？"

陈晴的情绪依旧低落，她微微低下头来说："我知道，但是我控制不住自己。"

"你换一个角度想想，"我接着说，"你是不是很看重这次公司交给你的任务，最近工作压力太大，所以才会疑神疑鬼的？"

陈晴抬起头，眼神里多了一份赞同："我确实很紧张这个策划案，每天都在想有什么好点子，有时候甚至严重到茶饭不思的程度，我太想得到领导的认可了。如此想来，我可能真的是给自己的压力太大了。"

我见她情绪有所缓解，赶紧开解说："不光是她们，我在茶余饭后还会同小姐妹们说说闲话、聊聊八卦呢。咱们两个人平时不是也会说些悄悄话嘛，我看十有八九她们并非在议论你，是你太紧张了。"

听完我的话，她长舒了一口气，笑了笑说："看来，我得给自己减减压、松松绑了。"

一个星期后，陈晴在电话里兴高采烈地告诉我："经过我们不懈的努力，策划案终于通过了，今天晚上我们三个人打算去大吃一顿庆祝一下，你要不要过来？"随即，她又很遗憾地说："算了，你和她们又不熟，我改天再请你吃饭吧！"说完，她就自顾自地挂了电话。

我只是想问一句："改天是哪天？"

不要活在别人的目光里

前段时间，我的一个朋友橙子在群里说她想加盟一个美容院，名字都想好了，让我们帮忙参谋。另一个朋友美美说："我建议你再考虑考虑，咱们这一亩三分地，美容院的数量已经饱和了，许多美容院由于同行恶性竞争、过于依赖加盟品牌，生存已经很艰难了。我劝你不要趟这个浑水，风险太大。"

其实美美说这些完全是出于自己对市场的了解和对橙子的关心，但是暴脾气的橙子立即炸了，她太在意美美的看法了，甚至曲解了美美的意思。橙子给我单独发消息说："曼姐，美美什么意思，她是不是看不起我？"

我对橙子说："你在开店之前，有没有做过详细的市场调研？"

橙子依旧很激动："当然了，除了做过详细的调研外，我还在产品销售、渠道开发、广告促销、员工培训、客户服务和费用预算等方面都做了周密的计划。而且我们美容院的仪器都是欧洲进口的，使用的产品也都是一线大牌，价格方面，普通消费者也可以接受，相信体验过的人会自发地进行宣传……"

我相信橙子已经做了详细的调查，而且对美美所说的问题也已经有了合理的解决方案。

"那如果最后这家店真的倒闭了，你会后悔吗？"我继而问她。

"当然不会后悔，开美容院是我一直以来的梦想，我有失败的准备，并且就算这次失败了，我也会学到经验的。"

"那你为什么在意美美的看法？你甚至因为在意，还曲解了她的意思。你记不记得前段时间你急需用钱，美美二话没说就把自己的全部积蓄都拿给了你。我相信美美不是你想的那样。马云在创业的路上也听到了很多反对的意见，但是他会从这些反对意见中获取值得探究的问题，完善自己的想法，再坚定不移地走下去，从而迈向成功。"

说者无意，听者有心。首先，关注他人的评价是一种很正常的心理现象。别人的赞美我们也许不会放在心上，但别人一句无意识的批评很可能就会成为我们心里的业障。这可能是人类进化而来的一种先天的心理机制，他人的负面评价会让我们感觉自己被社会、群体所排斥，那些意志不坚定或者十分想要得到认可的人，开始违背自己的个人意愿，努力纠正个人的行为，只为了能够融入集体。他们终日压抑，面对未来畏畏缩缩，不敢大步前行。好在我们的橙子不是这种人。

美容院开业的那天非常热闹，我和美美也去了。橙子拉着美美说："美美，我的朋友中只有你去过那么多家美容院，有空你来体验几个项目，给我提点意见。我可是认真的啊，之后请你吃大餐。"

"哈哈，一言为定。"美美笑道。

其实每个人或多或少都会在意他人的看法，只是在意的程度不同而已。女人在意的程度可能会比男人多一些，但一定要把握好度，才能既不会无意间伤害他人，又不会被他人的意见牵制。每个女人都要多关注自己内心的看法，才能做自己喜欢的事情，活成自己喜欢的样子，而不是活在别人的目光里。

会说话的女人烦恼少

有人说男人和女人的逻辑思维不一样，看学文科和学理科的男女生比例就知道。其实在日常生活中也一样，女人的一些心思就像是冰天雪地里的一片片洁白的雪花，若非风起云涌，直接飘至你的脸上，你可能都看不见它。

我朋友圈里有一个姐姐叫美柚，今年刚生完孩子。就我们共同的说法，她的日子过得真的跟蜜罐里打滚一样。

她的老公非常厉害，硕士学位，国内排名前三的名牌大学毕业，在一家很有名的公司做领导。重点是，老公一有空就会为她做饭、研究甜品；下班回家还会不时地捎一束花给她；每逢纪念日，老公都会为她特别定制一顿晚餐，外加送她大牌包包或化妆品……

就是她，这个受众人艳羡的女人，竟然会时不时地抱怨自己的老公，说他是万年不开花的铁树，不懂女人的小心思，不懂女人的小情绪。

有一天，美柚照顾宝宝的时候，不小心把自己的脚给扭了。老公一回来就看到了，心疼地把她的脚抱在怀里揉了好久，想带她去医院看看，却又不放心宝宝。权宜之下，老公只能手忙脚乱地给她抹上点消肿止痛药。

正在这个时候，老公的电话响了，项目合作伙伴邀他赴个局，结交几个生意上的合作伙伴，交流下工作心得。老公看了一眼身边的她，婉拒了。电话刚挂断，美柚就说："你怎么推了呢？要是工作上的事就去吧，我没事的。"

老公也犹豫了，说："宝贝，不然我去看一下情况，没什么重要的事，我就马上回家。"

自己挖的坑，闭着眼也得跳下去，美柚的脸上挂着贤妻良母的微笑说："去吧，不用担心我。"

老公把美柚搂进怀里，吻了一下她的额头，甜蜜地说："我老婆怎么这么善解人意呀！"

美柚看着他离去的身影，哀叹了一声，真是"自作孽，不可活"。

夜里十二点，老公还没回来。美柚一连打了五个电话，老公都没有接，她不由得担心起老公来。这时候孩子醒了，她一边哄着哭闹的孩子，一边焦急地等着老公的电话。又过了两个小时，她实在坐不住了，看孩子睡得正熟，就披了一件厚实的外套想出去找找。刚打开门，她就看见老公带着酒气站在门口。

美柚平复了一下情绪，转身进了屋里。

老公看出美柚的情绪似乎不太对劲，连忙问："宝贝，你怎么了？"

"我没事啊。"美柚转头带着很假的笑容说。

老公一脸释然："我先睡了，真的好困、好累。"说完，老公就一头倒在了床上。

美柚讲到这里，咬牙切齿地说："他竟然真的觉得我没事，心安理得地睡着了。"

"我脚受了伤，怀里抱着哭闹的孩子，心里还在担心着他，我说没事就没事？我早就郁结于心，气炸了好吗？他是块榆木疙瘩吗？"美柚激动地说。

经验告诉我，如果一个女人说没事，在百分之九十九的情况下都代表她有事。

虽然我不认可那些陈词滥调，诸如"女人变幻无常，受情感驱使；而男人则固定不变，用下半身思考"，但是前半句说的还是有一定道理的。女人的心思就是如此千回百转，难以捉摸。"没事"说明这事不大，却要紧，但男人却难以察觉。然而，如果女人用"没事"做借口，任由它自生自灭，它很可能像滚雪球一样演变成一件大事。最终，男人也会觉得莫名其妙，狼狈地逃走。

恋爱时，女人在男人眼中是一道唯美的风景；结婚后，女人是男人回家的理由。虽然很多相守多年的夫妻，从彼此的一个动作和表情就能猜出对方是什么意思，但是，女人还有很多言语和行为让男人觉得费解。或许女人应该说话直接一点，贤惠和矜持不代表忍气吞声，让男人猜来猜去。这样不仅男人累，女人自己也很累。

你当温柔，且有力量

再见到安格的时候我感到有些惊讶，还记得上大学时她到我所在的城市旅游，在我的宿舍借宿了一晚。那个时候她给我留下的印象就是一个很天真、无所畏惧的小女生，热爱旅行，善良开朗，对待生活有着一颗坦荡的赤子之心。

如今，时过境迁，坐在我和同事小雅面前的安格俨然一副女王姿态，脚踩一双细高跟鞋，脸上化着精致的妆，一头乌黑的长发，配上无可挑剔的微笑，眉宇间是藏不住的自信和高傲。唯独不变的是那个双肩包，时间纵然可以改变一个人的模样，但还是掩藏不了她心中的向往。以合作为由相见，是我们谁都没有预料到的。

起初，安格有些放不开，总是以工作模式在和我们交谈，但是这种无形的自我保护意识并没有让我们得到理想的合作方案。

安格推开了座椅，忽然站起来说："曼姐，最美莫过人间四月天，我们不如去放风筝吧。"她还是像以前那样随心所欲。我用眼神询问同事的意见，小雅也是一脸的迫不及待。

怎么就从工作模式切换到休闲模式了呢？我们来到最近的公园，在放风筝的季节很容易就能买到风筝，我们挑了一个简单的三角形的风筝，活像一条自在的"神仙鱼"。

我们三个人协作配合，顺着风势终于把"神仙鱼"送到了天上，彩色飘逸的风筝漫无目的地在天上飞着，春天里的暖风将我们开怀的笑声送远。

正开心的时候，一阵疾风吹断了线，"神仙鱼"毫不留恋地消失在我们的视线里。我们三个人都惊呆了。

良久，安格悠悠地说："如果这是风筝自己的意愿，那也好。"

站在旁边久不出声的小雅说："是啊，谁不爱自由呢？"

我率先打破尴尬气氛："你看你们，怎么忽然像黛玉妹妹一样多愁善感了呢。"

随即，我们三个人相视而笑，安格说："走吧，谈谈合作的事。"

女人原本就是这样，敏感、困惑、多虑。不论是像安格这样优雅大气的女王，还是小家碧玉的小雅，心里都住着一个林黛玉。这种多愁善感的小女人情怀永远藏在每一个女人的心底。

说到林黛玉，其实她身上的很多性格特点都是女人的共性，只是她把这种情绪表现得比较明显而已。

她一生坎坷，多愁善感；她寄人篱下，秋窗风雨；她心事难解，孤傲尖刻；她好为人师，平易近人；她心绪澄明，步步艰难；她受尽宠爱，又孤立无援。

黛玉出现在贾府的第一个画面就交代了她的小心思："步步留心，时时在意，不肯轻易多说一句话，多行一步路，唯恐被人耻笑了他去。"

她只是敏感、脆弱、刻薄，极度渴望那个一生一世都属于她的情人，她一直在用表面的孤高掩盖内心的孤独与自卑。

其实，与其说女人心里都住着一个林黛玉，不如说我们女人都有柔软的一面。

情绪整理：面对敏感我们该怎么做

敏感情绪因何而生

相信很多人都有过这样的体验，别人一个眼神、一个不经意的举动就会引发自己一连串的内心戏：他的斜视是否说明对我刚才的表现不满意？他突然对我冷冰冰的，是否有人在他面前说了我的坏话？她脸色那么憔悴，是昨晚跟男朋友吵架了吗……随之，自己整个人瞬间变得不好了。这个时候，就是敏感情绪在发挥作用。

人们通常会认为敏感情绪是女人的专属，事实上，敏感情绪人人都有，只是一般情况下，女人情绪敏感的程度要高于男人。研究表明，面对会引起特定情感的图片，女性的反应要比男性敏锐和强烈。

敏感情绪总是被人们视为不良情绪，其实并非如此。"敏感"是一个中性词，代表一种性格，不能用好坏来区分和定义。也就是说，敏感情绪只是一种情绪，并不代表敏感情绪就一定是负面的、不健康的。了解敏感情绪的产生，有利于我们正面、科学地应对敏感情绪，从而趋利避害。

除了性格、身高和肤色之外，某些敏感情绪也与遗传基因密切相关。与普通人相比，高度敏感的人对任何细微的外部刺激都有着强烈的反应，受其影响的程度也更高、更深远。

同时，一个人体内催产素含量的高低会直接影响这个人对外界事物关注的敏感程度。催产素含量低的人，就比较敏感，且恐惧、焦虑情绪也更加突出。

此外，心理是否成熟，也在一定程度上影响一个人对外界的敏感程度。通常，心理更成熟的人，对外界事物的敏感程度就更低。

和男人相比，女人之所以更容易被敏感情绪左右，也是有因可循的。

大脑的生理构造决定了女人更为敏感。人们常说的大脑皮层又称"灰质"，起到感知外界刺激，对信息进行深加工的作用。女性大脑中的灰质要高于男性，所以女性的认知和记忆能力更强，更擅长对语言进行加工，对情绪性信息也更为敏感。

和男性相比，女性有更大的眶额叶皮层体积，而眶额叶皮层正是处理情感方面信息的区域，眶额叶皮层体积越大，与大脑皮层的交流就越流畅，对外界的感知就越敏感。所以，女人更容易触目伤怀、情不自禁。

值得注意的是，正如上文中提到的那样，敏感情绪是一把双刃剑，有利也有弊。

一方面，恰当适度的敏感是难得的财富。敏感在某种意义上来说是一种天赋，就像艺术家大都具有敏感的特质。拥有敏感特质的人对外界事物的观察、感受和体验深入细致，能发现和捕捉一般人难以察觉的美好。在与人相处之时，拥有敏感特质的人会换位思考，为他人考虑，常常在人际交往中游刃有余。

另一方面，一个人过于敏感则会让自己变得多疑、胆怯、紧张、自卑，缺乏安全感，把自己带入负面情绪的深渊。过分的敏感也会让自己成为他人情绪的受害者。比如，别人在角落里举止亲密地窃窃私语，过于敏感的人就会觉得那是对自己的嘲笑与讽刺；看到他人情绪低落，自己也会跟着不开心；看一本书或者一部电影时常常会因入戏太深而无法自拔等。

我们要知道，任何一种情绪都会消耗能量，一个女人太敏感更是对身心无益。一个心智成熟的女人一定是一个善于支配和调节敏感情绪的人。正确对待自己的敏感情绪，发挥敏感情绪在工作和生活中的积极作用，通过不抱怨、不压抑的方法，将敏感的负面能量完全释放出来，这样内在能量将会给我们带来更充沛的精力，把生活过成想要的样子。

接纳自己的不完美

我们时常感叹，听过很多道理，依旧过不好这一生。

很多大道理大家都懂，但在实际生活中敏感的人却会被极小的细节牵绊，而这些细节对于不敏感的人来说根本不是问题，也从未被他们提及。

那么，我们就详细地讲一讲如何克服敏感情绪带来的消极影响。

1. 允许自己感受情绪

我们知道，压抑或否认自己的情绪对身心健康不利。因此，我们要允许自己感受情绪，即不逃避和压抑自己的情绪。我们要承认并正视自己的情绪，哪怕是恐惧、愤怒和悲恸等负面情绪，越是逃避和压抑内心的情绪，我们就越容易被这些情绪掌控。我们需要为自己创造一个安全的空间来表达和宣泄这些消极情绪，才能过好当下的生活。

2. 检视并理解自己的情绪反应

当感受到强烈的负面情绪时，我们应该试着停下来检视自己的想法。比如，高度敏感的人往往能察觉到其他人的感受，哪怕是别人很细微的情绪变化。并且，他们强烈的情绪反应很多时候来源于同理心。如此一来，检视并探察自己的情绪反应来源和反应便显得尤为重要。

当发现了这种强烈的情绪的真实诱因后，我们不仅能试着宽慰自己的心，也能更好地理解和体谅别人。

3. 学会接纳自己

敏感的人之所以消极悲观，追根究底是因为不能真正地接纳自己。这类人想要得到外界的爱，却又觉得那不是自己应得的。这类人有缺点、有瑕疵，不完美，这些都阻碍着他们接受外界的爱。学会接纳自己的第一步就是承认自己的不完美；第二步就是告诉自己人人都是不完美的，即使是不完美的我，也是值得被爱的。

很多人都对自己的某些方面感到不满：有的人觉得自己长得不够好看，有的人觉得自己太过软弱，还有的人觉得自己不善交际，无法做到八面玲珑。事实上，他们都只关注了自己的缺点，却忽略了自己的优点：长得不好看，或许有着属于自己的独特气质和风格；软弱的性格或许能换来好的人际关系，避免许多不必要的争端；不善交际的人往往能够深刻地钻研一件事，在特定领域取得异于常人的成绩。

有时候，敏感的人在某个方面的缺陷未必就是劣势，只要善加利用，扬长避短，劣势同样可以转换为优势。只要懂得接纳不完美的自己，就能拥有更美好的人生。

敏感情绪的自我治愈

敏感情绪对我们的影响要比身体的过敏更严重，它像一条无形的锁链，将我们的思想囚禁在阴暗的角落，在焦虑、紧张、恐惧与不安等消极情绪中备受煎熬，进而影响我们的正常生活以及身心健康。所以，学会如何自我排解这种情绪十分有必要。

1. 找到触发敏感情绪的原因

对于自己的敏感情绪，我们可能并不清楚它产生的原因。这种情况下，情绪敏感的人在面对外界刺激时，大脑会依托惯性思维生成自动应对机制。Ewa Schwarz在一篇文章中指出，当高度敏感的人觉得不堪重负时，就会触发战斗或逃跑的反应机制。而这两种反应都不利于问题的解决，同时也会加剧我们的敏感情绪。

当我们察觉到自己强烈的敏感情绪时，不妨先做一做深呼吸，让自己静下来，理清思路，认真找一找触发敏感情绪的诱因，然后才能有针对性地控制情绪。

2. 摘掉身上的负面标签

敏感的人更难忘记被嘲笑、被轻视、被羞辱等不愉快的经历，这些经历会被当作标签贴在他们的身上。久而久之，他们自己也会认可这些标签，即便事实并非如此。这个时候这类人需要正确审视自己，重新定义自己，摘掉这些不实的负面标签。

例如，一个女人因为话多而被奚落，被贴上"牢骚大王"的标签，但她没有深陷这种羞辱之中无法自拔，而是自认为"我不是个喜欢闲言碎语的人。我只是喜欢表达，和一般人比起来，我比较喜欢说话，而且我正在努力改正"。这样，她就可以成功摘除身上的负面标签，重新正确审视和定义自己。

3. 通过冷静和沟通来直面冲突

冲突会让高度敏感的人倍感压力和焦虑，所以这类人总是极力避免发生冲突，在冲突发生后，也会下意识地选择逃避。这种做法显然是不正确的，逃避是暂时的，是解决不了问题的，他们需要直面冲突。

在冲突中首先要保持冷静，此时高度敏感的人的同理心是他们的有力武器，可以借此去换个角度思考问题，以便更好地理解对方，从而解决冲突。其次，要重视沟通的作用，即便在冲突中能做到换位思考，也不要完全以自我的意志为转移，毕竟每个人的想法是不一样的，他们需要通过询问和沟通来更好地理解他人，解决问题。

4. 认识并改正个人化问题

个人化是一种常见的认知扭曲，这种扭曲是负罪感之母，会导致一个人的情绪过度敏感。看待事物个人化的人往往会武断地认为事情的发生是自己的过错造成的，或反映了自己的不足，即便这件事与自己无关、自己无法掌控或并非针对自己。也就是说，即便毫无根据，他们也会假定自己应该为某一消极事件负责。

客观、全面地看待事物是认识和改正个人化问题的根本方法。遇事要搞清楚事情的经过与缘由、自己对事情状况的了解程度，之后再做判断。任何改变都难以一蹴而就，因此，这类人要对自己多一点时间和耐心，才能正确、客观而全面地看待事物。

5. 学会在独处中放松身心

经常给自己安排一些独处的时间，学会和自己和谐相处。Lindsey Holmes 在《高度敏感的人与世界互动的不同方式》一文中指出，高度敏感的人会因忙碌、开放的办公室或频繁的社交活动感到不堪重负。他们会感觉被旁边的人监视，因为周围所有的感官输入而分心。

就像身体疲劳时需要休息一样，心灵疲倦时同样需要放松，而独处是被很多人认可的放松心情的好方法，能够帮助我们释放压力，缓解敏感情绪，从而更高效地投入到新的工作和生活中。

钝感的女人最好命

我们知道，生锈的刀剑不易伤人。其实，钝感的人就好比生锈的刀剑，在人际交往中，言行举止不带锋芒，温润如玉。不仅如此，钝感的人的内心还不容易受伤，因为他们的内心很少会被负能量填充。因此，做人不能太敏感，钝感的女人最好命。

渡边淳一在《钝感力》一书中指出："由于生活节奏的加快，现代人过于敏感往往就容易受到伤害，而钝感虽给人以迟钝、木讷的负面印象，却能让人在任何时候都不会烦恼，不会气馁，钝感力恰似一种不让自己受伤的力量。在各自世界里取得成功的人士，他们的内心深处一定隐藏着一种绝妙的钝感力。"

钝感力就像一把坚固有力的保护伞，能够替我们隔绝敏感情绪与负能量带来的苦恼。和男人相比，女人情感丰富，心思细腻，是敏感情绪的高发人群，因而更需要钝感力的保护。要想把自己修炼成一个钝感力强的人，首先要做的就是，不要将别人的情绪归咎到自己身上。

钝感力弱的人总是将别人的负面情绪毫无理由地归咎到自己身上，举例来说，他们的思维方式往往是这样的："他看起来很生气，是不是我说错了什么啊？我真是太不会与人交际了……"而钝感力强的人则不会有这样的忧虑，即便是有了不良情绪，他们受到的影响也较小，对其更有抵挡能力。而事实也正是这样，我们需要为自己的情绪负责，但不需要为他人的糟糕情绪埋单。

　　此外，多去经历一些人情世故，开拓自己的眼界，增强自己的自信心；豁达地看待问题，收起自己不必要的锋芒；平和自己的心态，给人生多一点选择等，都是培养钝感力的好方法。钝感力弱更多是后天的环境或经历造成的，所以，只要我们坚持不懈地练习，一定可以重新获得这把关于情绪的保护伞。

　　在生活中，我们都在或主动或被动地感受着感情的磕磕绊绊、职场的冷漠残酷、人际关系的错综复杂……这些压力汇集成了一股强大的洪流，一点点侵蚀着我们的健康与意念，支配着我们原本就不再丰厚的情感，左右着我们游移不定的行动。这时，提升钝感力就是我们的绝杀技，赋予我们面对挫折与困境的勇气和力量，帮助我们提升对生活的包容度与幸福感。

第二章

内心强大，是一个女人最美的样子

走过一些路，爱过一些人，受过一些伤，你才会明白，一个试图从别人身上寻求安全感的人，终会以失望和痛苦收尾。真正的安全感，一定源于自己内心的强大与安定。

情绪黑洞：缺乏安全感

从某种意义上来讲，安全感和爱是两种背道而驰的存在。爱是灵肉交融、相互仰视，爱能使低到尘埃里的人开出美丽的花。而安全感则是一种索求、一种剥夺，越是计较付出，权衡得失，越是将情谊变成一种经营。

楠哥和桃子都是我上一家公司的同事，楠哥是行政部门的经理，而桃子则是刚刚迈出"象牙塔"的职场"小白"，由楠哥直接领导。

楠哥文质彬彬，幽默风趣，自有一种领导的气场。桃子长相甜美可爱，做事利落爽快，深得楠哥赏识。工作上接触得久了，他们由相互欣赏变得暧昧起来，两个人之间也慢慢地从偶遇变成了形影不离。

楠哥和桃子本是郎才女貌、令人艳美的一对，可故事发展到后来就变得有些"狗血"了。原来楠哥是有家室的人，只是老婆、孩子都在另一座城市，鲜有人知而已。桃子得知这件事之后即使痛苦，也只能快刀斩乱麻，断了这根情丝。

再后来桃子辞了职，离开了这家公司。

我不想从道德的角度去谴责谁，有时候爱是件不由自主的事情。听说最后楠哥离婚了，但桃子依然没有和他走到一起。

年前我再见桃子，她看起来气色很好，她自己提到这段感情也是一阵感慨唏嘘。她说："他既然能婚内出轨，离婚后即使和我在一起，也一定会和别人出轨的。我不想说他是'渣男'，毕竟我在这段感情里的位置也不光彩。但我还是想找一个对我一心一意、能带给我安全感的男人。"

我不置可否地笑了笑，再没有说半句话。

心理学认为，爱情只有两三年的寿命，如果在这期间爱情没有转换成其他感情，两个人的关系就要结束。可是对于一生都在追求爱情的女人而言，她们一直都沉浸在爱情的浪漫里，缅怀当初的温存，安全感于她们而言始终可望而不可即。

很多人问我："你一个女人，为什么要那么拼，相夫教子不好吗？"

我每次都只是笑笑，然后云淡风轻地说自己就是爱瞎折腾。其实，我很清楚自己必须努力的原因是什么——没有安全感。

现代社会对女性的要求越来越高，亲密关系也越来越不稳固，昨天还在朋友圈里秀着恩爱，今天就重游了民政局。乍见之欢固然惊喜，久处不厌却更为可贵。作为女人要明白，也许我们会得到许多男人的垂青，在瞬间集万千宠爱于一身，但是没有人会给我们永远的安全感，更没有人能够保证这一切不是一触即破的美丽泡沫。所以，安全感是自己给自己的。

之所以这么说，并非我偏执，不愿意相信任何人，而是希望广大女性朋友能在自己遇到真正心动的人时，不会因为物质窘迫而却步。他贫瘠，我们不至于过得太狼狈；他富足，我也有与之相配的底气。更何况，自己用时间和精力换来的银子，握在自己手里的时候才能踏实心安。

只有自我给予的安全感，才是稳妥的幸福。

你要的安全感，只能自己给

我清楚地记得，那天是周五。周五简直就是上班族的狂欢日。带着期待和喜悦结束了一天的忙碌，我一回到家就进浴室冲了个热水澡，卸下一身疲惫，准备享受周末的美好时光。

猝不及防，打破美好时光的电话响起来了。

电话里传来闺密酸酸的声音，她哭哭啼啼的，我一句也没听清。我问她在哪里，简单收拾了一下，我就抛下老公去了她所在的酒吧。

走进酒吧，我穿过在闪烁的灯光中、迷离的音乐里舞动着的人群，径直找到了坐在吧台前的酸酸。我拉出一个凳子，与她并肩坐下。

我们两个人都没有说话，只是静静地看着那酒瓶在酒保的左手与右手之间乖顺地游动着，温驯而矫情。

酸酸率先打破了沉默，她现在平静了很多："姐，我有病。"

我惊于她如此定位自己，不咸不淡地回了一句："你刚发现啊。"

她扭过头来神情严肃地看着我："我总觉得天佑不爱我，我想和他分手，却又舍不得。"

天佑是酸酸的男朋友，我见过，天佑个子高高的，笑起来很阳光。

上次在一个姐妹的生日会上，酸酸两只手抱着一个男生的手臂，脸上难得地露出矜持和害羞的表情，她跟我们介绍："这是我的男朋友，天佑。"

不难看出，酸酸很喜欢天佑。

我很诧异他们的感情变化竟如此之快。前些日子，他们还你侬我侬，今天就要闹分手了。

酸酸见我没有回话，径直说："其实真的不是他的错，是我太没有安全感了。最近我感觉他不在乎我了，他很少主动给我打电话、发短信，他觉得不在一起的时候不如做自己喜欢的事，比如说他热衷于玩游戏、看新闻什么的。有时候，明明是一个委婉的小建议，我都会觉得他是在责怪我。是不是我太敏感了？"

"是。"我说。

酸酸像是在等我说些别的话，沉默了一会儿发现我已经说完了，她继续说："但是女人不都是需要陪伴、需要安全感的吗？"

我端起手中的鸡尾酒，轻轻地摇着。我说："安全感这种东西，别人是给不了你的，唯有你内心足够强大，才能拥有安全感。酸酸，说到底是你的世界太小了。这个世界上除了男人，还有很多有趣的东西。"

"可我还是觉得男人最有趣。"她不动声色地说。

我一口酒差点没喷出去，呛得自己脸都红了。

酸酸赶紧挨过来，一边替我抚背顺气，一边说："好了，你说的话我都听进去了，我会转移自己的精力，更在乎自己一点。"

意想不到的是，三个月之后，酸酸约我在同一个酒吧见面，她意气风发地说："我要订婚了，记得包红包啊。"

我问她："未婚夫是谁呀？"

她轻轻地打了我的手臂一下，半嗔半恼地说："当然是天佑啊。"

我起了一身鸡皮疙瘩，清了清嗓子说："我的一个周末值千金，折算成红包当礼金吧，不用找了。"

与其无理取闹，不如撒娇求抱

我在微信群里做了个小调查。

我问她们："你们为什么会隐藏自己生气的情绪呢？"

问题一出，群里的女人瞬间炸开了锅，众说纷纭。

"萌妹子"莉莉说："因为说了也没用，他会说'随便你怎么想吧'，或者是'你要是这么想，我也没办法'。"

鬼鬼说："我无意间看到了他的聊天记录，发现了让我不开心的内容，但又不能告诉他，不然他就会反问我为什么不尊重他，我就不占理了。"

十二说："我觉得都在一起那么久了，他能不知道我的脾气吗？我一般都是遇到比较大的事情才会生气，遇到小事情不会和他计较。还有一点原因就是，小时候犯错误，妈妈都会让我反思究竟哪里做错了，我对他也是这样的……"

酸酸说："我也是这样想的。生气都是因为明摆着的理由，他怎么可能不知道。不过有时候，我自己也觉得为了这么一点鸡毛蒜皮的小事实在不值得发脾气，但是心里确实不爽时，我一定要发泄出来。"

我可能遇到了一群"假女人"，但大多数女人在面对男人的时候还是会尽情地发泄心中的情绪。

在男人看来，女人在这种时候都是无理取闹、莫名其妙的。

前一秒女朋友还开开心心地跟你说着话，但是忽然间就生气、发脾气了，我相信绝大多数男人都经历过这种情况。"她怎么又生气了"，这或许是很多男人都想知道答案的一个问题。有人说，女人生气都是在无理取闹，其实她们只是在用这种方式来博取你的关注。

前段时间，我约朋友去一家比萨店吃饭。我到得比较早，就坐在一个靠窗的位置上等朋友，百无聊赖间听到隔壁桌的男生在向朋友抱怨。

"我在外边和同事吃午饭，看见女朋友在微信上给我发了两个流泪的表情，我猜可能是因为早上的事情不太顺利，就打字问她处理得怎样了。谁知她发微信视频邀请，我想了想给挂了，继续打字说自己和别人在外面吃午饭，等会儿回去打给她。没想到她就生气了，而且愤怒指数很高，一整天都不接电话，也不回消息。"

对面的朋友也是一脸的惊叹号："这也值得生气？"

她怎么又生气了？首先从理论上讲，女人是感性的，容易对事物产生主观感情，所以遇到不称心的事情容易产生情绪。一般情况下，男人则比较理性，遇到同样的事只是很客观地做一些反应，不容易产生情感变化。

其实，很多时候女人并不是故意生气的，也许只是想测试一下，看看她在男人心目中有多重要，可是男人却给不了她想要的答案，所以女人才会真的生气。她气的是男人总是不知道她想要什么。

女人不够自信，没有安全感，所以就想从对方的关心中得到安全感和自信心，因为在女人看来，如果男人足够在意她，是不会不知道她的想法。

著名复合大师康纳曾经说过："女人天生喜欢对男人不断地进行'废物测试'，以此来判断这个男人是否适合她。"所以，女人的无理取闹并不是真的莫名其妙的情绪化，她只是在考验男人有没有把她放在心上。

然而，天生粗线条的男人并不能领悟到其中的真谛。所以，女人与其在一旁无理取闹，不如平静下来，直接告诉男人答案。我想这样或许更能使两性关系快速升温。

明明很在意，为什么要傲娇

林殊是我从小玩到大的朋友，他为人耿直仗义，很讲江湖义气。

虽然他比我小半岁，我却一直叫他哥，因为小时候包括我在内的几个玩伴都由他"罩"着。丢沙包打碎了别人家玻璃，他认；一帮小霸王比赛骑车碾压了别人家的鸡，他赔；小伙伴被大孩子欺负了，他去。

我很欣赏他，这声"哥"我叫得心服口服。

可是自从他交了女朋友之后，就变得不太可爱了。因为，他完全被女朋友占有了。

再说一下他的女朋友，她完全颠覆了我对"大哥的女人"的人物设定，大哥的女人不应该是很酷的吗？和我面前这个娇小可爱的"小萝莉"形象完全不搭边啊。

过年回家，我们几个儿时的玩伴聚在一起玩，KTV里的音乐声很大。林殊独自坐在一边，无声地看着手机。

我走过去问他："哥，你窝在这里做什么？"

他一把把我拉到沙发上坐下："坐下陪我聊聊。"

"哥，我发现你最近很沉默，一点老大的风范都没有了。"

终于，他的脸上浮现出笑意："什么老大？我还比你小呢。"

"这不重要，重要的是魄力。对了，你怎么了？总感觉你不开心。"

林殊坐得很端正："我女朋友，你见过的，她好像对我越来越疏远。哎，女孩的心思我总是不太明白。"

"你为什么觉得她疏远你？从哪儿体现出来的？"我问。

脚边滚过来一罐啤酒，林殊俯身拿起来，一打开就有细腻丰富的泡沫涌出来。他捏着易拉罐上端，仰头灌了一口："怎么说呢，就好比说，我陪她逛街，快到饭点的时候，我会问她：'要不给你买点吃的？'她就会说不饿。每次她从外地回来，我发短信问要不要过去接她，她多半会说不用。就连她生日，我想送她个礼物，但每次询问她的意见，她都会拒绝。

"我时常觉得她不喜欢我，不然为什么她总是模棱两可、不冷不热的？有时候，明明她就站在我面前，我却觉得像隔了一条银河那样遥远。"

我也顺手从台子上拿了一罐啤酒，摇了摇头说："哥，你当老大当得还挺称职的，当男朋友却真的不及格。"

说完，我喝了一口啤酒，继续对林殊说："到饭点了就直接带她去吃好吃的啊，她从外地回来当然要去接，生日礼物还用问？女人喜欢的东西都大同小异。

"其实，很多时候，女人的疏离只是想要一个肯定的态度，你的决定往往要比征求女人的意见更能赢得他们的欢心。女人可能更愿意听你说'走，咱们去看你偶像的演唱会''走，周末带你去游乐园玩''走，咱们去看电影'……"

林殊像不认识我似的，呆呆地看着我："你们女人都这么傲娇吗？为什么不直接说出来，非要拐弯抹角呢？"

"要来的有什么意思？作为女人，我们想要男人给我们的，而不是我们要来的。"

林殊开口想说什么，却还是什么都没有说。

有些细节在男人看来无所谓，根本上升不到"爱"的程度，但是在女人的眼里却能体现出这个男人是否有担当，是否能照顾自己，是否能给自己安全感。

女人想要的不过就两个字——在乎。

永远不要用分手考验感情

开篇交代一下人物身份，阿紫是我老公的朋友大雄的女朋友。

那天，我老公说："下周大雄要带女朋友和哥几个见面，说是介绍给我们认识一下。"

我说："好呀，那你就去呗，我又没拦你。"

他说："不行，你要和我一起去，什么认识认识啊，大雄就是带女朋友来炫耀的，这年头谁还没个媳妇啊……"

那是我第一次见到阿紫。她高高瘦瘦、白白净净的，从远处婷婷袅袅地走过来，颇有一番温婉女子的风韵。

她上身穿着一件刺绣白衬衫，素雅清新，下身穿着一条墨绿色的半裙。秋夜凉如水，褶皱的裙摆就像黑夜里缓缓的水流，本质却是清澈透明的。半裙上绣着几朵不惹眼的花朵图案，像是开在路边的小花，非要你低着头细细找寻才能看到。

那是不同于世俗的美丽。对于美好的事物，不止男人，女人也同样心向往之。一来二往，我和阿紫成了闺密。

阿紫的情史我比大雄了解得更清楚。

阿紫的前任叫阿轩，也是阿紫的初恋。

新生入校就是阿轩接待的她，他是阿紫同系的学长，也是学生会的主席。阿轩长得高高瘦瘦、阳光帅气，笑起来的样子很温暖。最难得的是，阿轩唱歌很好听，常常活跃在各种活动的舞台上，是校园里的风云人物。

阿轩很优秀，阿紫同那些女孩一样对他心生爱慕。但不同的是，阿紫不是单相思。

阿紫说自己以前常看校园爱情小说，小说的男主角总是光芒万丈的，而女主角永远是默默无闻的。男主角对女主角的告白一定轰轰烈烈，并且一定会发生在他身披金甲圣衣、荣耀加身的时刻。她以为那是小说的套路，真轮到自己经历时，才知道艺术源于生活。

那天，微风习习，阳光正好。阿轩的节目是校庆晚会的压轴节目，最后一个出场的他站在舞台上，将目光投向阿紫的方向，阿紫像预感到了什么一样，心毫无征兆地剧烈跳动起来。他说："请大家原谅我的私心，这首歌只想唱给我心爱的姑娘。"

阿轩双手握住话筒，眼睛微闭，低沉而富有磁性的嗓音把一首《预谋邂逅》演绎得深情婉转。

一曲唱罢，阿轩握住话筒问："阿紫，我喜欢你，你愿意做我的女朋友吗？"

阿紫不知何时站在了舞台上，她听见自己心如擂鼓，声音清晰无比，阿轩正用深情的目光望着她。她像受了蛊惑一般，口中清晰地滑出三个字："我愿意。"

阿紫和阿轩在同学们的欢呼和祝福声中在一起了，在旁人看来他们郎情妾意，是一双璧人。

然而，"王子和公主从此过上了幸福的生活"的童话式结局往往都是骗人的。偶像剧的完美结局，大都发生在银幕上。

优秀的人自然不乏追求者，即使已经有了心爱的人。阿紫说："可能是因为自卑吧，我总觉得自己配不上他。即便他一直用绅士的态度去拒绝那些追求者，我还是感到很焦虑，想要脱离他。我一次又一次地提出分手，一次又一次地被挽留，我忽然发现我爱上了这种感觉。好像只有被挽留时，我才能感到自己是被需要、被在乎的，我才能收获一点点安全感。他的安慰、他的深情告白是我将这段感情支撑下去的理由，你说我当时是不是很变态？"

我说："怎么会？女人不都是这样。女人说的讨厌其实是喜欢，说走开其实是过来，说分手也只是想要被挽留。你说自己配不上他，可是你有没有想过，他选择跟你在一起，就说明你跟他一样优秀。爱情确实会让人变得盲目自卑。"

阿紫叹息一声说："我其实是一个极度缺乏安全感的人。晚上睡觉时我喜欢盖厚厚的被子，把自己藏在被子里；每天睡觉之前，我都要一遍遍地检查煤气、窗户、大门关了没，然后再把我房间的门锁好。"

她停顿了一会，释然一笑说："有时候，可能只有我床头的小熊永远不会离开我。但我还是很感谢他，他让我看到自己不堪的那一面，也让我成长。"

爱是带刺的玫瑰花，并非被刺痛了就不能拥有，但难以拥有是一种和爱平等的魅惑。

情绪整理：走上自我实现之路

你想要的安全感，到底是什么

安全感究竟是什么？安全感是一种心理诉求，原始社会时期表现为人类对生存的诉求。经过时代变迁和社会文明的长期发展，如今，我们说的安全感主要是指亲密关系中女人对男人依恋的诉求。

我身边常有适婚男性对自己至今单身的现状百思不得其解，他们自认是众人眼中的好男人：不抽烟，不喝酒，不文身，不泡夜店，并且生活作息规律，工作收入稳定。他们偶尔花费在打游戏这类兴趣爱好上的开销也不大，可就是始终单身。

每次遇到心仪的女人，他们都会百般讨好，努力扮演成一个绅士。在最开始接触时，他们与女人保持适当的距离，发乎情，止乎礼，不敢冒失地逾越底线。为了彰显对女人的尊重，他们在点餐、购物时总要先征求女人的意见。

也有一位女人和一位适婚男士暧昧地交往过一段时间，可最终女方还是会含蓄地表达出拒绝的意思。男人觉得不可理解："像我这种一心一意、踏实专情的男人不正好能给你们女人想要的安全感吗？"

这是因为女性所追求的安全感，并不是男性以为的平淡安稳的生活。

女人想要的安全感一般分为两个方面，即物质上的安全感和精神上的安全感。

首先，谈一谈女人想要的物质上的安全感。生活有保障是最基础的物质上的安全感，当然这只是基于生存角度来考虑的。对于那些极力追逐物质享受的女人，她们对物质要求的标准会更高。如果她们的物质要求得不到满足，她们的安全感也会相对降低。因此，从生活品质的角度上考虑，她们会选择能给她们带来更好的生活保障的配偶。

其次，谈一谈女人想要的精神上的安全感。人本主义心理学家马斯洛曾在他的需求层次理论中提出：当人的生理需求被大部分满足之后，第二层次的需求就出现了。而这第二层次的需求指的就是精神层面的安全感。处于这一阶段的人渴望安全的环境，安稳、有保障的生活，一旦这一诉求得不到满足，他们就会变得忧虑、恐惧、焦躁不安起来。

这时女人想要的安全感表现在生活方面就是被关注、被重视、被信任、被赞美等。女人可以在对方面前肆无忌惮地吃水煮鱼、帝王鸡、麻辣小龙虾，不用顾忌因为吃相太难看而被嫌弃；女人可以在对方面前直接卸妆、素颜以对，随意做那个不太体面的、真实的自己，即使再不堪，男人也不会离开。

然而，向外界索求来的安全感终归是不太安全的，当我们面对不太安全的情景设定时，能做的就是审视我们自身对自己、对他人、对社会的评价系统，对事物持有一个美好的假定，接纳多元文化和价值观。换言之，只有拥有强大的内心，安全感才会羽翼渐丰。

缺乏安全感只是一个借口

微博上总有一些粉丝私信我，向我诉说她们在亲密关系中有多么缺乏安全感。她们每天生活在焦虑与患得患失中，担心自己的缺点全部暴露后被嫌弃；她们质疑这么糟糕的自己是否值得被爱；她们忧虑当自己所有的不堪被识破后会遭到抛弃。

而那些还没有建立亲密关系的女人，她们在选择伴侣时也犹豫不决。她们害怕物质优越的成熟男性太抢手，会使自己没有安全感；她们担心选择同舟同济的年轻小伙太幼稚，在情感上不能给自己安全感。

所以她们在一边否定自己一边否定别人的路上选择爱人。选择着，选择着，她们就发现自己的挑剔与顾虑，已经把所有适龄男人都排除在外了。

总之，有的人因为缺乏安全感而在关系里焦虑担心，有的人因为自身缺乏安全感而无法开始一段关系。

因而，作为女人，究竟应该怎样做才能在一段亲密关系中获得安全感呢？

我们首先要知道你为什么缺乏安全感。

当我们对外界环境不确定，或觉得与自己有关联的人和事不在自己的掌控能力范围之内时，就会失去安全感。

女人在亲密关系中，时常会觉得没有安全感。根据投射效应可以推论出，当女人没有安全感时，会将这种情绪归因到对方身上，然后不断给自己心理暗示：他会离开我，他会抛弃我。

也就是说，女人在亲密关系中容易诚惶诚恐，我们常常会把对方当作自我的一部分。一般情况下，女人的这种感觉更为强烈，她们下意识地把自己作为弱势群体，对另一半更为依赖，也会更为敏感地关注对方的情绪，并能够感同身受。

美国心理学家米纽秦在结构派家庭治理理论中提到过"界限"这一概念，他指出，在家庭中"界限"就类似于细胞膜，它存在于每个个体之间，调节着家庭中每个成员之间的亲密度。越过那个界限，就会缺乏安全感。

当亲密关系中的两个人成为一体，都只拥有彼此的时候，这两个人就越过了那个安全关系的界限。对于这种过于亲密的关系，只要外界稍有一丝干扰与影响，他们就会产生不安。也就是说，在关系里一方只能看到两个人，而看不到其他人，被封闭在这个结界里，当然就会害怕被抛弃。

女人所谓的增加安全感，其实是增加对男人的掌控感和确定感，也就是说，这个时候女人会对男人产生诸多期待，无论是在行为、性格方面，还是在交友、职业方面，都希望男人按照她的想法去改变。

当男人的行为有违女人的预期时，女人就会觉得自己难以把控现状，从而变得没有安全感。女人潜意识里希望男人按照她们的意愿关心她们，从而让她们在这段亲密关系中更加踏实，以此来增加她们的安全感，这其实是非常自私的表现。

有时候，保持安全距离才是维持一段感情最好的办法，一味地索取只是在满足自己的私欲，并不是所谓的满足安全感。

直面心理恐惧：暴露疗法

　　前面说过，我们之所以会缺乏安全感，是因为害怕被伴侣抛弃、背叛、伤害，觉得伴侣和感情走势都是不可控的。因为害怕失去，所以不敢细想。所以，要想找到克服缺乏安全感的方法，首先要知道缺乏安全感的根源。

　　要想正确地应对缺乏安全感的问题，第一步就是确定如果我们在缺乏安全感的情景设定里，会发生什么不好的结果；第二步就是寻找解决方案，使不可控的部分变成可控的，或者说是相对可控的。

　　对于一个缺乏安全感的女人来说，如果你对她说"别害怕、别担心"，这简直就是在做无用功，因为她可能已经对自己说过成百上千次这句话了。你也许会告诉她应该改变自己的想法，但她也做不到。所以说，我们还是要有具体可操作的方法。

　　暴露疗法就是治疗缺乏安全感的一个有效方法，它针对人们心中的失控感与不确定感，帮助人们从认知上确定会发生什么，发生了以后该怎么办，从而在根源上排解这种不安定的情绪。

　　暴露疗法的治疗原理是运用真实或想象场景重现的方式，让缺乏安全感的人再一次置身于情绪失控的场景之中。此时，当缺乏安全感的情绪发生时，这类人的很多感受和记忆会被二次激活。长时间停留在这样的场景中，身体和大脑就能确定那些真实的恐惧以及恐惧的程度，从而能够面对真实的世界，避免做出超现实的过激反应。就像在鬼屋里我们开始敢踢"那只手"的时候，发现它不过是棉花做的，这时我们的恐惧就会烟消云散。

比如，患有电梯恐惧症的人，不敢独自乘坐电梯，即便和别人一同乘坐电梯的时候也会觉得非常没有安全感。我们可以让这类人想象或直接进入电梯中，在令他们最惶恐不安的场景中，引导他们进行自我暗示，如"只要坚持到指定楼层，我就可以出去了"，"我的朋友就住在这里，他都没事，我一定是安全的"。如此反复，直到他们不再害怕为止。这就是暴露疗法的一个实际操作案例。

抽象的感情问题也可以做同样的处理。当一个缺乏安全感的女人心无旁骛地聚焦在那些让自己担心的事情上，她就能让自己回到缺乏安全感的场景中。例如看到伴侣与其他女性主动寒暄，自己旁观，然后自我暗示他们只是在正常交谈，这只是简单的社交，如此反复几次，直到自己不再焦虑为止。

学会经营更好的自己

伟大的德国哲学家叔本华曾说过，没有相当程度的孤独，就不可能有内心的平和。我始终相信孤独才是生活的常态，依靠别人获得的安全感终归是虚妄的。

作为女人，要想从自己身上获得安全感，我可以提供几个建议。

1. 一定要经济独立

女人想要的安全感最基本的一点，就是要有一定的经济基础，因为唯有具备一定的经济基础，才能活得更有底气。如果一个女人放弃了经济独立的权利，那么同时她也就放弃了一部分自由。女人只有经济独立，才能过上自己想要的生活，依靠男人总是会令女人患得患失，但是依靠自己得到的永远不会失去。

如果把人生比喻成一场盛宴，那么经济独立的女人可以选择她想要的任何东西。因此，不论是为了一份长久的事业、一对操劳的父母，还是为了一场纯粹的感情，女人都需要成为一个更好的自己。而且，经济基础决定上层建筑，女人的经济能力也在一定程度上决定自己的思想高度。

只有经济独立的女人，才能完全掌控自己的人生，而完全自由的人生才更有安全感！

2. 保持良好的提升自我的习惯

人都是在学习中进步的，万物易消逝，只有那些装到脑袋里的东西才永远是自己的。只有保持良好的提升自我的习惯，才能使自己保值，甚至增值。

读书是提升自我最简单、成本最低的方法。读万卷书，行万里路，有了一定的见识之后，女人自然会对生活有自己的感悟和见解。"书中自有黄金屋，书中自有颜如玉"，我们也能从书中获得内心的平静，学会智慧生活的方法。

培养除了本职工作能力之外的一技之长，如此既能让自己活得优雅一点，又可以增加一项谋生的技能，不至于黔驴技穷。比如学一门外语，学一种乐器，学计算机编程。

只有生活得到了充实，女人才能不计较安全感这种小事。当女人拥有更多美好的事情来填充心灵的时候，舍得对她们来说就像是一件和吃饭、睡觉一样再正常不过的事情，就不会再害怕失去了。

3. 养成健康的生活作息规律

与其依赖别人，不如经营自己，唯有自己才是最值得依靠的。

身体是革命的本钱，养成健康的生活作息规律是重要的健康法宝。养成规律的生活作息，不仅能够收获好的身体，而且能有足够的自控力去面对已经发生的事。毕竟，有条不紊的、可控的生活才更让人有安全感。

最后，希望广大女性不会因为恐惧而抗拒与别人建立亲密关系，并且永远相信美好真爱的存在。勇敢去爱吧，要相信我们将于千万人之中遇见所要遇见的人，没有早一步也没有晚一步，刚巧遇见了。

第三章

你是在恋爱，还是在发神经

女人在受到外界因素变化的冲击时，时常会表现出情绪不受控制的一面。尤其是在经历背叛、失去、伤害时，女人偶尔会用歇斯底里来抵抗。

情绪黑洞：歇斯底里

要说情绪最不稳定的生物，女人绝对排第一。女人常常歇斯底里，问她们原因，她们总会说控制不住自己。

我就是个典型。

我有一个比我小一岁的弟弟，从小被身边人叮嘱最多的一句就是："你是姐姐，让着他点。"

就是因为这句话，从小到大，我被这个貌似理直气壮的理由剥夺了许多权利与美食。因为姐姐的身份，买个东西、跑个腿这种活都是由我承包的。这也就算了，妈妈还总是以"你是姐姐，让着弟弟点"的理由让我把垂涎已久的美食让给弟弟，这就很过分了，因为我小时候的梦想就是吃遍天下美食。

所以，"你是姐姐"这几个字简直就是我的梦魇，直到成年后，这依然是我不能摆脱的隐痛，它深植在我的内心，不能碰，不能动。

上高中的时候，我和弟弟吵了一架，吵架的原因已经不记得了。我三姨正好在场，她可能是看我们争吵得太激烈了，所以想要劝一劝，却不知道说什么，犹豫了一会儿，她拉住我，一本正经地对我说："你是姐姐，姐姐要让着点弟弟。"

我正怒火中烧，不知道如何发泄。听了这句话，我立刻像疯了一样，冲着三姨大吼："姐姐怎么了，姐姐就不是人了？我从小到大都让着他，今天我就不让！再说了，我们家的事你掺和什么，你赶紧离开我们家。"

我当时已经失去理智，不知道自己言语有失，随即又冲进了屋子，推了椅子，砸了杯子，将头埋在被子里撕心裂肺地号啕大哭起来。过了一会儿，妈妈走进房间，用一种看神经病的眼神瞥了我一眼，瞬间我就安静下来了。重归平静以后，我开始后悔，又低眉顺眼地去三姨家请罪。

但是，说过的话就犹如泼出去的水，我对三姨的伤害是不能挽回的，于是我陷入深深的懊悔之中。

可见歇斯底里就像是一架无人操控的、攻击性极强的机关枪，有时候，我们不知道何时就会扫射到别人，让别人遭受一万点创伤。

情绪失控的那一刻，我们泪如泉涌，声嘶力竭，委屈到无以复加的地步。这时的我们被情绪绑架了，做的任何事都是极具攻击性的。我们只为报复，只为发泄，不计后果。等情绪稳定之后，当我们回头检视自己的行为时，会疑惑这个如此疯狂的人真的是自己吗？我们会对自己失控的行为追悔莫及，然后开始自我否定，将自己带入另一种坏情绪中。

歇斯底里虽然不像抑郁症那样严重，但是几乎在每个女人身上都能找到歇斯底里的一面。

那么，你呢？你被歇斯底里的情绪绑架过吗？

不要以爱的名义去伤害

表姐叫嘉窈，人如其名，是我们这一辈人里出落得最好看的孩子。当然，她火爆的脾气也声名远播。村上春树的这句"女人不是有事想发火才发火，而是有时想发火才发火"，简直就是写给我表姐的。

因为表姐长得漂亮，所以有不少男士前仆后继地来示爱，所谓狭路相逢勇者胜，我姐夫最终凭借一副好皮囊和一张厚比千层饼的脸皮抱得美人归。

想当年我姐夫风风火火地骑着小电动车，车篮里装满盛放的玫瑰花，就这样兴高采烈地到我二姨家楼下来求爱。他一手拿着花，一手拿着扩音器，单膝跪在被太阳照射得非常暖和的水泥地上，旁若无人地说着最烂俗的台词："嘉嘉，我爱你，我会一辈子对你好，请你嫁给我吧。"

我二姨见围观的人很多，就在楼上摆手叫姐夫上楼。姐夫一见这事有戏，就飞快地跑上楼。

刚一进门，他就被表姐的一记"如来神掌"拍蒙了，表姐双手环胸，皱着眉头说："你想干什么？你是专门来坏我名声的吧，这么多人看着，你不觉得难为情吗？"

姐夫被她这么一责备，勇气又被激发了出来，梗着脖子说："对，我就是来坏你名声的，除了我，你谁也别想嫁。"

表姐怒目而视，沉默了好久，说："我可提前跟你打招呼，我脾气不好，今天你大张旗鼓地跟我表白，日后若是反悔，我一定不会让你好过。"

姐夫听出表姐愿意了，眉眼弯到了一处去，一本正经地说："我爱的就是你的直脾气，不扭捏，不藏着掖着。你脾气不好没关系，我哄着你、让着你。"

没想到这一哄一让就是十年。这十年里，我多次见识了表姐说的"脾气不好"和姐夫说的"我哄着你、让着你"。

记忆中最深刻的一次是我准备考试时，在他们家借宿一晚。那晚，我正在书房里复习，就听到表姐声调高了八度的嘶吼与控诉，接着就是玻璃杯破碎的声音。我赶紧过去劝架，看到表姐红着眼，不停地打碎身边的东西，姐夫把碎了的玻璃用脚踢到远离表姐的地方。我看着歇斯底里的表姐，不知如何是好。

姐夫一把抱住疯狂的表姐，制止她再破坏家里的东西。他安抚情绪激动的表姐说："嘉嘉，都是我的错，你不要生气了，原谅我好不好？"

表姐依旧不依不饶，一边用力挣脱着姐夫，一边嘶喊着："这样的日子还怎么过？我要和你离婚！"

话一说出口，姐夫慢慢地松开表姐，一脸受伤地站在那里，像一个受了委屈的孩子。

表姐也意识到自己说错了什么，渐渐恢复了平静。

良久，姐夫才慢慢地走上前去把表姐抱在怀里，宠溺地摸着表姐的头说："嘉嘉，以后吵架不能提离婚，知道吗？"

表姐难得乖巧地点了点头。

姐夫无限度的疼爱与包容让表姐自省，她开始想要控制自己的火爆脾气。每当情绪涌上来想要"原地爆炸"的时候，她都会让自己先平静一会儿再开口说话。表姐的变化让身边的人感到惊喜，她确实成了更好的人。

《圣经》里说："爱是恒久忍耐。"的确，两个原本在平行轨道上的人决定并入一条轨线，携手共进，碰撞与冲突是不可避免的，再甜蜜的关系也有被生活的琐碎搞得火光四溅的时候，但是冲突之后的互相谅解与包容却会让感情磨砺得更浓。

分手而已，别搞得那么难看

婉瑜是个温柔的女孩，她的感情空窗期长达八年。自从与高中的初恋男友分手之后，她就再没有谈过恋爱。她是个对感情信奉理想主义的姑娘，坚持爱情至上的原则。她说如果她以后要是结婚了，那一定是因为爱情。

婉瑜总是和我说，她要找的另一半不需要帅气多金，兴趣相投就好。天遂人愿，她心心念念想要找的那个人终于出现了。

初识景时，她兴奋地向我倾诉她的满心欢喜："你知道吗，他几乎满足我对另一半的所有幻想。他文质彬彬，风趣幽默，谈吐不凡，最重要的是与我兴趣相投，简直就是我心目中理想情人的2.0升级版。"

唯一不足的是，他们两人是异地恋。

但婉瑜一点也不介意，景也不介意。热恋时，爱情的魔力强大到能克服所有的艰难险阻，即便是工作日下班后，景也会因为饱受思念煎熬而请假，驾车几百公里去见她，只为了看见她那张充满惊喜的笑脸。如此在异地之间往返奔波，景乐此不疲。

每逢节日、生日、纪念日，景都会提前备好礼物，而且每一个礼物都满载他的心意和情意。除此之外，景会每天按时道"早安""晚安"，并会变着花样说甜言蜜语。

婉瑜一度庆幸自己遇到了真正的爱情，谁说遇到爱情的概率比见到鬼还小？她完全沉浸在完美的爱情里，已经做好当一个幸福新娘的准备了。

可是，致命的打击在热恋期之后突然而至。

景在这段爱情关系里陡然冷了下来。婉瑜不找他，他再也不主动找婉瑜，甚至有时候婉瑜找他，他也会以工作太忙为由推托不见。

爱情总是令人盲目的，婉瑜在自伤自哀中接受了景的这套说辞，她不断为景找借口，直到景彻底冷落了她。

婉瑜开始变得不像从前那个温柔的姑娘了，她哑着嗓子，在电话里歇斯底里地一遍遍追问："难道你不爱我了吗？"

景这才直言不讳地说："是的，我就是不爱你了，没有什么理由。当初爱你是真的，现在不爱你了也是真的。"

婉瑜听完景的话，几乎发狂。她实在想不明白自己做错了什么，难道之前的体贴温存都是假的吗？于是她找到了所有可以联系景的方式，但她发过去的消息都石沉大海，打电话过去也总是正在通话中。尽管没有得到回复，她依然每天都给景发消息，直到几天后景把她所有的联系方式都拉黑了。

婉瑜崩溃地大哭，直接追到景的公司，想要当面质问他。可是刚看到他，婉瑜就泪如泉涌。她实在不想让他看到自己如此软弱的一面，只能躲在办公楼的拐角处独自痛哭。

至此，婉瑜的恋情终于以无疾而终的形式落幕了。

男人爱你时，你衣襟上的一粒白米饭也是他心中的白月光；不爱你时，你心头的朱砂痣在他眼里都是一抹恶心人的蚊子血。男人的冷暴力固然不可原谅，但是女方在已经破碎的感情里做无谓的挽留，一厢情愿、姿态卑微地纠缠，也好不到哪里去。这样只会将彼此搞得筋疲力尽，将最后一点美好都一并抹除。

用心爱过的人，不该去计较。既然已经分手，就算你多难过，多舍不得，多不甘心，也不要半夜哭哭啼啼地给前任发语音、打电话，这样歇斯底里的纠缠真的很难看。

愿你可以做一个骄傲的人，不管经历什么，都保持内心的善意纯真，在被珍惜时不心生得意傲慢，在被伤害时不会自我厌弃鄙夷。

你又不是演员，别设计那些情节

那年正值冬天，我正慵懒地窝在被窝里看视频，兔子打来电话，说她就在我家楼下。她叫我下楼，说要请我吃夜宵。

我知道她一定有事要和我说，于是没有犹豫，直接回了一个"好"。

我迅速地把头发扎起来，裹上厚厚的外套。三分钟之后，我就很没形象地出现在兔子面前了，冬天凛冽的风将我的最后一点倦意也吹散了。

我们一起去了老地方。兔子的黑眼圈很深，脸色黯淡无光，头发在风中随意飘舞，整个人看起来都很憔悴。

我直奔主题，问她："现在说说吧，你怎么了？"

她仰头灌了一大口啤酒，叹了口气说："我订了明天一早的机票，今天是来和你告别的。"

我嘴里的毛肚还没来得及咽下去，立刻诧异地看向她。

她低下头说："我男朋友要跟我分手，我明天要去找他。"

我叹了口气，继而问："你们又怎么了？"

之所以用了"又"字，是因为兔子自从和男朋友恋爱以后，恋情简直堪比最虐心的言情剧，三天两头地上演分手又和好的剧情。

我十分理解她男朋友的心情，说实话，我知道兔子的脾气阴晴不定，尤其是在感情里。前一秒她还和男朋友你侬我侬，后一秒就能直接"炸毛"。有时候我看着她在一嗔一笑、一颦一怒之间自由切换，都觉得她像在演戏一样。

如果真的是在演戏，那她的演技真是影后级别的。

我的另一位异性朋友是一名律师，为人正直风趣，十分尊重女性。在一次聊天中，他调侃地说："我有时候真的觉得女人简直天生就是演员，真是不服不行啊。"

原来他和妻子结婚结得早，那时候经济拮据，没办婚礼，更没度蜜月。好在妻子和他都不是重视仪式感的人，但是那时候他出于补偿的心理许诺妻子，等条件好了以后，一定还给她一个完美的蜜月之旅。

结婚之后他们夫妻俩感情很好，朋友的事业也稳步上升，蜜月之事终于提上日程。他的妻子满心期待着蜜月之旅，但是他这边工作上出现了一点问题，于是想和妻子商量一下蜜月旅行能不能延期。

他的提议一说出口，妻子原本灿烂的笑脸瞬间冷了下来，然后换成了一副委屈至极的表情，眼神像是在诉说着过往的艰苦岁月，她沉默着任凭眼泪如泉水般涌出，也不去擦。

他一看妻子哭得梨花带雨的样子，立刻走过去伸手帮妻子擦去不断涌出的泪水，服软似的说："好了好了，不哭了，工作上的事可以往后推推，咱们的蜜月旅行不能耽误，对不对？我答应你蜜月旅行如期进行，好不好？"

话刚一说完，他的妻子立刻止住了眼泪，破涕为笑，还奖赏般地献上了一个吻。他看着这突如其来的一系列变故，总觉得自己被"套路"了。

女人天生是演员，她们善于用情绪伪装自己，她们的委屈至极、歇斯底里可能只是为了让男人妥协。

但是男人和情绪不稳定的女人在一起久了，会严重消耗心中的爱，男人会变得患得患失、暴躁易怒、疲惫不堪。所以，女人学会稳定情绪还是很有必要的。

活得任性，爱得洒脱

　　学生时代我总想着在枯燥无味的生活中找到一点聊以慰藉的乐趣，这个乐趣就是看言情小说，至今印象最深刻的是舒仪的《曾有一个人，爱我如生命》。那时候我对深情的男主痴迷不已，想着要是真的有一个人愿意像珍视生命一样珍惜我，我就死也无憾了。

　　直到遇到一个为爱疯狂的姑娘梦然，我才开始觉得太极端的爱情可能真的让人承受不起。

　　那时我上寄宿制学校，六个人一间宿舍，梦然是我的室友。学校的管理制度很严格，不许学生谈恋爱。大部分互生情愫的少男少女们都是暗送秋波，谈恋爱只能偷偷摸摸的。

　　但是梦然不一样，她敢光明正大地谈恋爱，她和郝斌是人尽皆知的情侣。她说她不要细水长流的爱情，就要轰轰烈烈地爱。

　　梦然生日的时候，郝斌凌晨跪在学校操场的正中间以示爱意虔诚，鼓动全班男同学给梦然发生日祝福的短信，于是就出现了半夜十二点，梦然床上的手机不停震动的"灵异"现象。

　　那时候，我们其他五个女孩没见过什么大世面，都很羡慕梦然。我们都觉得梦然和郝斌的爱情又深情又浪漫。

　　谁知这么一搞动静太大，惊动了教导主任。教导主任把他们两个人叫到办公室，严肃地警告他们不许谈恋爱。

　　梦然一脸坚毅，为了表示对爱情忠贞不渝，梦然说自己可以为了爱情做任何事情，说着她竟然试图用头去撞墙。教导主任见状傻了眼，赶紧和郝斌一起拉住了她。

　　事情发展到这种地步，教务主任只好叫来双方家长。梦然的父母看到女儿脸上一片漠然，因而只字不敢提及女儿谈恋爱的事，只是默默地守在女儿旁边。

　　郝斌的父母则协助学校做儿子的劝导工作。

　　毕竟那时候年纪小，郝斌在父母的规劝之后慢慢动摇了，对梦然也渐渐地疏远了。

　　梦然自然也察觉到这一点，她找到郝斌，眼神倔强地看着他："你说的山盟海誓都是假的吗？你对我的爱就只有这么一点吗？"

　　郝斌默而不答。

　　梦然盯着他看了好久，毅然决然地说了一句"好"，就转身走了。

　　梦然一脸绝望地走进宿舍，径直走到自己的床位，拿出一张纸草草地写了点什么，就默默地收拾东西，准备离校出走了。好在最后她被同学们拦住了。

　　经历了这么多事，梦然的父母再也不敢把梦然留在原来的学校了，于是给梦然办了转学手续。

　　很多因为失恋而自暴自弃的女孩，都在亲密关系中过于依赖对方。她们往往会说"失去他，我就不是完整的了，我感觉我的内心被掏空了""我看不到生活的希望，觉得做什么都没有意义"。

　　这其实就是一种偏激的感情投射，想要走出失恋的阴霾，不如通过大哭的方式来发泄失恋的痛苦，多和朋友交流，做一些自己感兴趣的事来转移注意力。毕竟爱情诚可贵，生命价更高。

情绪整理：歇斯底里是病，得治

造成歇斯底里人格的原因

歇斯底里的情绪，对我们来讲并不陌生，因为我们可以在很多影视剧或文学作品中见到一个人情绪大爆发的场景。歇斯底里是神经精神障碍的一种，通常是精神刺激或不良暗示引起的。心理学家曾认为歇斯底里症状的发生是焦虑过度的结果，并且将情绪失调全部归为癔症。尽管有些歇斯底里情绪的触发确实是在焦虑症与转换性障碍的一起作用下发生的，但这两种疾病也可以单独出现。

歇斯底里者的情感活跃、生动，但肤浅、幼稚，这种症状的发生常常伴随其他负面情绪，如愤怒、焦虑、不安等。歇斯底里症状的表现一般是情绪异常激动、举止失常，而这些表象的背后，实际上是对某种极端情绪的发泄，或是对某些责任的逃避。

歇斯底里常出现于情绪不稳定的人身上，女人因为性格的强烈性和多变性，易成为歇斯底里症状的高发人群。

女人歇斯底里情绪爆发的那一刻，往往情绪反应极为强烈，带有夸张和戏剧性色彩。她们可能会部分或完全丧失理智，难以识别自我身份，对记忆和现实选择性遗忘，意识范围缩小，思考和判断能力大大减弱。此外，女人处于歇斯底里的状态时，很容易受外界环境的影响，使自己的情绪从一个极端走向另一个极端。她们通过这种方式发泄压抑的情绪，从而得到别人的同情、关心和谅解。

心理学认为，一个人情绪不稳定、经常表现出歇斯底里人格的原因，可能和童年时期承受过超出能力的体验、创伤事件以及幼年时期遭受虐待有关。

研究表明：在美国、加拿大和欧洲部分地区，有该情绪障碍的个体中，儿童时期被虐待和忽视的发生率约为90%，其他形式的创伤性经历（战争、医疗事故 、性侵等）也经常引发这种情绪障碍。

此外，造成歇斯底里人格的另外一个原因，还与不成熟的心理防御机制或回避型人格特质有关。

这类人会吸取外界的某些特质作为自己人格的一部分，这种现象被称为"内投射"。内投射的对象多为与患者有亲密关系的人，例如难以走出失恋阴影的人，会通过模仿曾经伴侣的生活习惯或喜好来缓解内心失恋的痛苦。

回避型人格常见的一种表现形式为无意识地使用精神防御的退行机制，即当一个人面临困难时，会习惯性地摒弃已经掌握的较为成熟的应对问题的方法与技巧，而选择肤浅、幼稚的方式去应对眼前的困难。例如一个成年人，会以身体不适为借口，躲避眼前无法应对的困难，逃避本该承担的责任，退回到儿童时期被人照顾的生活中去。

综上所述，造成歇斯底里人格的原因与幼年时期的创伤经历、不成熟的心理防御机制或回避型人格特质有着千丝万缕的联系。

要想治愈这种情绪障碍，可以采用系统脱敏法。所谓系统脱敏法，即通过诱导让患者逐渐进入容易出现焦虑、恐惧等不良情绪的情境中，再通过心理放松来缓解内心的不安定，达到消除负面情绪的目的。

情绪爆发前学会了解与静默

　　首先回想一下，你是如何处理自己负面情绪的？面对这个问题，有人选择抑制情绪的爆发，并认为这是在控制情绪，其实不然。例如，当你处于情绪濒临崩溃的临界点时，不断给自己"不要冲动，我要做情绪的主人"等心理暗示，想通过这种方式来控制自己的情绪，可结果往往与预期相反。这种心理暗示不但起不到积极的效果，反而会不断提醒自己正处于爆发的边缘。如此一来，情绪该爆发还是会爆发，我们无法制止它。

　　还有人会采取刻意忽略或排斥的态度来应对负面情绪。然而，情绪是会反噬的，我们越是想要忘记它、排斥它，它越会依托我们的这些思维，在我们的内心急剧膨胀，从而使我们陷入负面情绪的泥沼，备受折磨却又无法自拔。同样的，当我们企图用另一种情绪代替此刻正在经历的不良情绪也是徒劳无功的，这么做只能令自己收获一时的解脱，就像孤独的人想要用热闹的氛围来缓解孤独，可在欢乐的聚会结束后，还是会再次回到寂寞之中一样。

　　真正有效的解决办法是了解情绪，直面负面情绪。当我们鼓起勇气直面情绪，并试着了解情绪爆发的整个过程时，我们就看透了它，也就不再受制于它，这个负面情绪的整个机制也就彻底崩盘了。

　　当我们濒临歇斯底里的边缘时，学会置身事外观察这种情绪，看它如何发生、如何消逝。负面情绪就像是我们内心的恶魔，它站在理智的对立面，是我们要与之战斗的敌人。当我们对它足够了解之后，也就不再惧怕它，或轻易被它操纵了。

研究表明，情绪是从潜意识上升到显意识，然后再控制大脑的。一般情况下，当情绪产生了明显的副作用时，我们才会察觉到它。所以，摆脱消极情绪的最佳时期是从潜意识到显意识的那一瞬间。如果我们能够运用自己的定力延长这个瞬间，那么就可以帮助我们克服歇斯底里的情绪。

在这个瞬间，我们可以采用静默的方式来沉淀情绪。

静默又称冥想，是在安静的环境中通过调整呼吸等措施控制注意力或有意识地支配意念，从而排除杂念，平和心境，达到一种特殊的静默无我的心理状态。这种方法可以减轻甚至抵制来自外界的精神压力，十分适用于具有歇斯底里人格的人。

关于静默的具体操作方法，哈佛大学医学博士赫伯特·本森给出了参考答案，他认为练习静默主要遵循四个步骤：第一，要选择一个安静的场所，避免分心；第二，重复性地默念一个字，每呼吸一次念一遍；第三，在心态上，采取消极态度，而不是积极争取什么东西；第四，静默时可以选取一个舒适的姿势，如静坐或躺着。

将静默法运用到情景之中就是，在情绪爆发之前先逃离当前的情景，找一个空荡的房间，平躺在床上静静地调整呼吸，放空自我，放松身心，方可缓解或抵消膨胀的情绪。

用观息法修炼平常心

随着生活节奏的加快，各种各样的压力气势汹汹地向我们涌来，我们变得烦躁易怒，情绪起伏无常。自此，解决情绪问题，修炼一颗平常心就成了我们通往愉悦生活的一条必经之路。

那么，如何在浮躁的世界修炼自己的平常心呢？这里推荐一种平衡内心情绪的有效方法——观息法。

观息法是通过观察呼吸的方式来调节情绪的。心理学家研究发现，专注于呼吸有助于身心融合，消除内在思想对抗，重归生命本真，能够帮助人们解决抑郁、焦虑、暴躁、歇斯底里等心理问题。

那么观息法应该怎样练习呢？

首先，盘腿而坐，后背挺直，不要依靠外物，双手搭放在腿上，身心放松。这里要注意，选择的坐姿需要让自己觉得舒适、自在，可以久坐不累。其次，闭上眼睛，将注意力集中在鼻翼以下、上唇以上的部分，用心观察自己的呼吸。记住，我们要把全部注意力放在呼吸上，一呼一吸要尽量匀速，仔细去观察和感受自己的气息。

在练习观息法的过程中，我们的大脑难免会不受控制地胡思乱想，因为这就是我们大脑的习性模式，而观息法也正是通过改变这种习性模式，从而达到内心的平和。当我们的注意力不知不觉被各种想法和感受带走时，我们所要做的是接受这个事实，对当下的心理活动保持觉知，不掺杂任何主观意识，之后再慢慢地把注意力拉回到呼吸上就可以了。

这个练习很简单，不需要任何外部的辅助，只需闭目静坐，静静地呼吸即可。只要坚持练习，我们就会在不知不觉中修炼出平常心。

呼吸伴随着生命的开始和结束，呼吸的品质代表着生命的品质。坚持练习观息法，不仅可以培养专注力，消除烦恼，平和心态，还可以提高对自我情绪的管理能力，提升生命的品质。

你与淡定之间，只缺一种平衡情绪法

人生不如意之事十之八九，总有些人和事让人们疲于应付，甚至有点力不从心。尤其是当今的女性朋友，工作、家庭的双重压力更使我们忙得焦头烂额，甚至有点快喘不过气。于是不可抑制的歇斯底里、常常濒临崩溃的边缘是现代人精神压力太大的表征，对此我们无须感到焦虑无助，重要的是找到合适的放松方法，学会调整情绪，以最佳的状态迎接新的生活。

1. 饮食缓解法

医学表明，饮食习惯与人的喜怒哀乐密切相关。所以，在情绪激动、紧张的时候，我们千万不要忽视食物对情绪的作用，进食一些香蕉、黑巧克力、芦笋、全麦面包等食物，既能使人放松下来，又可维护神经系统的稳定，增强能量代谢，有效缓解压力，起到镇静的作用。

2. 睡眠排解法

睡眠质量不仅与生活质量呈正相关，还与我们的情绪息息相关。良好的睡眠质量能够有效提高情绪的稳定性，所以，要想有一个良好的情绪状态，不妨从改善睡眠质量做起。具体做法是，睡前放松身心，做到心境平和，选好最舒适的睡姿，创造良好的睡眠环境，做一些舒展的放松运动。这些都是改善睡眠的好方法。

3. 有氧运动法

我们知道，有氧运动能使我们的身体器官系统高效和谐地运转，更有效、更快速地把氧气传输到身体的每个部位，起到调节身心的作用。事实上，规律的有氧运动还可以起到改善情绪的作用。骑自行车、跳绳、游泳、快步走等都是简单易操作的有氧运动，每天坚持做可以转移我们不愉快的意识、情绪和行为，使自己从烦恼和痛苦中解脱出来。

4. 音乐陶冶法

恰当的音乐氛围对负面情绪有着神奇的缓解作用。在心情不好时，可以先听一会儿与当时情绪一致的音乐，当人感受到音乐所传递出来的情绪时，会不自觉地将这种情绪内化。如愤怒的时候可以听一些重金属音乐，在激荡的节奏中释放自己的情绪。当激动的情绪得以消解的时候，再换成轻音乐，让情绪由低沉向欢快过渡，让音乐渐渐唤起好心情。

5. 警言提示法

在我们工作或生活的区域内悬挂有关情绪的条幅，如"海纳百川""制怒止扰"等，用它们进行自我暗示，在潜移默化中达到心境平和、从容不迫、气定神闲的状态，远离敏感、焦虑、紧张不安等消极情绪。

同样的，当身陷逆境、情绪低迷时，可以默念"宝剑锋从磨砺出，梅花香自苦寒来"等能给予自己积极暗示力量的警句；在濒临情绪崩溃的边缘时，把要说的话、要采取的行动尽可能多地拖延几分钟，最终达到用理智控制争吵和过激行为的目的。

6. 转移情境法

环境对一个人的情绪起着十分重要的调节和制约作用。当情绪压抑时，我们可以让自己换个环境，出去走走，这样能对负面情绪起调节作用；当心情不快时，我们可以到游乐场玩玩游戏，这样能消愁解闷；当情绪忧虑时，我们可以去看看喜剧电影，让自己放松下来。

通往淡定之路没有捷径，只有运用具体可行的平衡情绪的方法，才能增强我们对情绪的掌控能力，使歇斯底里的次数越来越少，情绪失控的强度越来越弱。

第四章

摆脱焦虑，找回内心的安宁

当你被焦虑、烦恼重重围困时，你的内心不得安宁，你的生活也难有快乐。

对于一个女人来说，若是能放下妄念执着，顿悟生命的真谛，掌握不焦虑的智慧，那么，她的生命质量自然会比寻常人高。

情绪黑洞：焦虑

我常跟身边关系亲密的人说，我是一个非常没有安全感的人。她们听完之后大多只是哈哈一笑，谁不是呢？

我才知道，原来大多数女人都生活在焦虑不安中、没有安全感。在情感交往的过程中，很多时候，身为女人的我们都想通过过激的表现来寻求一种关注与在乎。虽然这种做法不可取，但是我们却控制不了自己。

在一次骑行活动中，我认识了我的初恋男友。他长得高大而且很斯文，我们都喜欢小众的东西。刚认识他的时候，我觉得他就是我人生拼图的另一半，我很期待和他一起去探索更多的未知。

然而，我搞砸了。原本性格大大咧咧的我在感情里变得很小气，总是患得患失的。

我甚至会计算我联系他的次数和他联系我的次数，我要两个人在这段关系中保持平等。对，不能失去自我，我是这样想的。可我却在不知不觉中，在迷失自我的路上越走越远。

当我们又一次吵架之后，我口中歇斯底里地喊着"我再也不想见到你"，心里想的却是"如果你转过身来抱住我，那我一定不会走"。

我们经历了半年的争吵与纠缠，终于毫无悬念地分手了。我以为我会很难过，但是并没有。遗憾之后，我的心里更多的是释然与轻松。我知道我是爱情里的病人，我无比依恋被关注、被重视、被疼爱的感觉，却又以错误的方式来寻求这种感觉。直到接触心理学，我才知道我属于焦虑型依恋人格。我知道没有人会来拯救我，我只能自救。

当遇到现在的老公时，我试着调整自己。庆幸的是，他是安全型人格的人，对我有更多的耐心和包容，我很感谢他。

作为一名焦虑型依恋者，我深深地了解改变的过程多么不容易。焦虑型依恋者除了受先天遗传因素影响外，也会受到童年早期照料者的影响。

从情绪取向治疗的角度来看，焦虑型依恋是在用焦虑掩饰被抛弃的恐惧。属于焦虑型依恋人格的人，可能是因为小时候父母对自己的回应方式不敏感及时、不持续，或者时好时差，所以长期处于被忽略或被抛弃的恐惧中。

当父母对孩子的需求不能以一以贯之的态度做出回应时，孩子就会感到困惑和不安，他们不知道该期待被如何对待。所以，很多孩子在感到悲伤和愤怒的同时，选择的解决办法就是黏住大人，这就是形成焦虑型依恋人格的儿童想要得到关注与重视的原因。父母的对待是儿童焦虑型依恋人格形成的关键因素，这种影响会一直延续至孩子成年。

焦虑型依恋人格的个体对伴侣感受到的并不是爱和信任，而是想要索取更多的爱，他们希望对方能够满足自己对情感的渴望，或使他们变得更"完整"。尽管他们极度渴望与人亲密，却总是怀疑和恐惧对方并不想达到同等的亲密。

焦虑型依恋人格的人会通过依恋和控制的形态来获得一种安全感，但结果通常与他们的预期相反，伴侣常常因不能忍受而选择逃离他们。

焦虑型依恋人格的女人在亲密关系中，通常会存在非常态的牺牲意识和绑架对方生活的想法或行为。

当她觉得伴侣远离自己时，她就会做以下的事情来表达她的焦虑：

等电话的时候，不停地打电话、发短消息或是发微信；在伴侣所在的办公场所闲逛，期望能碰到他；极度渴望亲密和陪伴，要求与伴侣随时保持联系，要求伴侣每天报备行踪；会以不回短信、电话故意引起对方的嫉妒或以分手为由来获得对方的关注；当伴侣回电话或是回家时，用忽视他的方式惩罚他，当他说话或是离开房间时，露出难以置信的表情；一旦伴侣达不到她的期望，或对她关注不足时，就会感到愤怒和焦虑；会为了维持联系而放弃自身需要，讨好伴侣；害怕被抛弃，独处时会觉得不自在，受到一点冷落都会觉得被抛弃了。

以上这些都是过度敏感的焦虑型依恋的信号。作为女人，如果你有上述症状，那么就要注意了，你很有可能就是焦虑型依恋人格。

不要用生气去寻求爱

莉莉是我大学时期的室友，天生就长着一张娃娃脸，笑起来眉眼弯弯的，很讨喜。她最喜欢扎丸子头，二十几岁的女人穿上高中校服竟然毫无违和感。大学时期，她的追求者不少，许多男生都被她那一张长相单纯、没有攻击性的脸给骗了。

莉莉偏偏选了一个雄性荷尔蒙爆棚的汉子做男朋友，用她的话就是男人味十足，有安全感。

爱情开始的时候，莉莉总是把自己伪装得很完美，可是时间久了，很难不暴露本性。她开始和男朋友频繁吵架，但与其说是吵架，不如说是她自己生闷气，男朋友总是一头雾水。

他们最常吵架的问题就是关于"电话不及时接"这件事，莉莉说自己也很矛盾，每次给男友打电话，只要他没有及时接，她就会变得很暴躁。

就算男朋友立刻回电，甚至解释了理由，她还是会故意晾着男朋友，很长一段时间都不理他，同时希望男朋友能主动发现她为什么生气，然后来哄哄她。

"糙汉子"不只长得糙，内心也很大大咧咧，面对女朋友的忽然冷漠，他总是觉得莫名其妙。就算男朋友有时感觉气氛有点不对，问她是不是生气了，她也只会很冷漠地回复："没有啊。"

类似的事情发生的次数多了，男朋友总是敢怒不敢言，每次都在心里嘀咕着："我又哪里招你了……"

莉莉也很苦恼。慢慢地，在男朋友眼中，莉莉变成了一个极其傲娇、占有欲强、会因为很小的事情就发飙的人。

再后来，他们分手了。

对于莉莉来说分手是大事，以她的性子总要折腾几天，这件事才能过去，当然也会牵连无辜。周末她约了姐妹们在华谊路的大排档喝酒，我们赶到那里的时候天色渐晚，远处正是余晖霞光的美景。

我们不动声色地听着莉莉诉说，她的声音低而沉。

"其实他真的很好，他总是帮我安排好一切，而我只需要坐享其成。刚毕业的时候，我还没想好做什么工作，他就提前帮我租好房子，付了租金，就连搬家他都前前后后跑了三趟。他帮我把一切安置好……"

她低着头，没有看我们一眼，自顾自地说："虽然他很忙，但是他从来都没有忽略过我的感受。他把每个节日都记得很清楚，总是买一些小礼物哄我开心。周末带我出去玩，他总是安排好一切，我什么都不必做，我只要跟着他……"

说着她呜咽起来，我轻轻抚着她的背，安慰她："没关系的，总会过去的。"

"不会过去的，都是我的错，我总是莫名其妙地发脾气。晚接一会儿电话有什么关系？微信回得慢一点，又有什么关系？我一定是有病……"

我们默默地听她倾诉，我想她可能只是想要一些倾听者吧。

听莉莉说了这么多，不难发现，她其实是把自己那些不安、害怕被抛弃、需要被关注和照顾的情绪，隐藏在了愤怒和焦虑之下。但很遗憾，她并不清楚自己出现这些糟糕情绪的原因。

过了半个月，莉莉在群里说："我们又在一起了，姐妹们给我力量吧。这次我一定不会轻易放手了。"

我想莉莉一定在之前的恋爱经历中学到了很多，也成长了很多，现在的她一定很幸福。

不是没人懂你，而是你不懂自己

前些天我和一个没见过面的网友聊天。

这个网友是西安人，在山东经营一家米皮店，早出晚归，除了在意每天的生意好不好之外，另一个忧虑就是作为一个大龄未婚男青年，什么时候可以为自己找到一个老板娘。

他说他交往过一个女生，女生对他特别特别好，每天都要打好几通电话，对他嘘寒问暖，在他身边的时候总是把他照顾得无微不至。他开始觉得她太黏人了，没有一点距离感，就像是套餐里永远不会少的一碗白米饭，毫无新意。于是他开始心生厌烦，最后提出分手。

他在女生歇斯底里的哭声中坚决地走了。

后来，他又谈了一个女朋友，这次换他全心全意地付出，像之前那个女生对他一样，可这个女朋友也像之前的他一样，从没有把他放在心上过。然后，这段感情也无疾而终了。

之后，他每去一个地方旅行，第一件事就是给他第一个女朋友打电话，跟她说"对不起"。但是一直到现在，只要听到他的声音，女生的第一句话就是"你是谁呀，我不认识你"，然后听筒里就会传来"嘟嘟"声。

我告诉他，如果他还喜欢她，可以把她追回来啊。他说太晚了，她早就有了自己的生活，而他能给的最后的温柔就是不再打扰她吧。

至今他都想不起他俩分开的理由，或许正是因为她对他太好，从来不会发脾气，总是顺从他，无时无刻不在照顾他。她黏着他，恨不得把自己变小，好让他随身装在口袋里，这样就能二十四小时都在他的身边了。可是不知道从何时起他就开始厌烦了，总觉得好像少了新鲜感，女孩的爱意变成了一种重得不能再重的负担。他开始习以为常，好像这个人不是女朋友，只是一个对他很好的人。面对她那些无微不至的关心，好像自己的一句"谢谢"就足以抵消。

归根结底，女人的黏人全部出于她爱得不确定，她很焦虑，不确定她心心念念的男人是否也爱着她、在意她。她唯有牺牲自己的时间、空间和精力去讨好他，去守着他，也觉得可能唯有时时刻刻和他在一起，时时刻刻和他有联系，才能稍微安抚一下自己焦躁不安的心。

正如尼采所说，生命中最难的阶段不是没有人懂你，而是你不懂你自己。所以女人应该告诉自己，爱情从来不是通过捆绑得到的，感情中想要索取对方的关心没问题，但别用错误的方式。而男人也要看清这个爱跟在你身边的女人是不是你想要的，别等到失去后才懂得珍惜。

停下来，给自己一个喘息的机会

康涅狄格大学的社会学家进行过一项非常有意思的研究，最终得出结论：在传统家庭中，如果男人是家里主要的经济来源，那么他会感受到压力，幸福感会降低。相反，如果女人成为家里的主要经济来源，那么她的幸福感则会提升。

这个议题的出现在一定程度上证明了一件事，那就是养家糊口已经不再只是男人的责任，女人越来越多地参与到社会工作中。

其实，和过去相比，现代的女性已经算是幸运的了，因为当下女性的社会地位已经和男性趋于平等。但在一定程度上，作为女性，我们被赋予的义务和责任也更多了。我们不光要面对事业和家庭，同时还要有社会责任感。

在高举女权主义大旗的今天，我们为自己争取更多权益的同时，随之而来的还有相同比重的责任。

敏敏姐算是我初入职场的引路人，也是我的直属领导。她为人谦和有礼，工作起来干练利落，传授职业技巧不遗余力。对她，我一直保持仰视的姿态，也从她身上学到了不少值得学习的东西。

虽然我辗转换了两家公司，但依然和敏敏姐保持着联系。

敏敏姐在职场上杀伐决断的形象深入我心，至今我都觉得她是一个视世俗烦恼如过眼云烟的刚强女性，生活中的那些鸡毛蒜皮的小事根本影响不到她。

因一次契机，我与敏敏姐再一次见面。我目前所在的公司和敏敏姐的公司有合作关系，由于我身份特殊，领导便把这次洽谈合作的任务交给了我。

由于相熟，一落座我便打趣地说："姐，你说我约了你三次，你都以没时间为由推脱了，人家诸葛亮被三顾茅庐后还出山了呢，你可是比诸葛亮还难请啊。怎么样，没想到最后还是要和我见面吧？"

敏敏姐无奈地笑笑说："我是真的很忙啊，家庭、事业都要兼顾。在北京的生活成本有多高，你应该也知道，房贷、车贷犹如泰山压顶，工作上更要勤勤恳恳、谨小慎微。现在孩子也要上学了，教育的责任也不能全权交由老师，我和我先生对孩子的家庭教育也要做好啊。"

我很诧异她会这么说，我一直觉得她是一心只顾着工作的女强人，于是我问她："姐，那你会觉得压力很大、很烦恼吗？"

她说："当然了，我每天都忙得不可开交。有时候静下心来想想身上的重担，想想孩子，想想未来，都会觉得不知所措，很迷茫、很焦虑。所以我有时候也很怀念一个人的时候，那时候我多么肆意自在。"

我宽慰她说："能力越大，责任越大。"

女性的家庭地位、生育自由和工作参与度是息息相关的。虽然目前中国女性的就业机会和管理层的参与度依然不如男性，大多数家庭依然是以男性占经济主导、女性占经济弱势的结构组成，但女性的社会参与度在逐年稳步提升，越来越多的女性同男性一样扛起了养家的大旗。分担责任除了带给女性无与伦比的成就感之外，随之而来的还有重压之下的焦虑情绪，因此如何调节焦虑情绪成了很多女性朋友必须面对的一个难解之题。

女性朋友们，累了的时候，请停下来，给自己一个喘息的机会，找寻合适的途径排解自己内心的焦虑。只有女人幸福了，家庭才会幸福和睦。

做一个内心强大的女人

阿莱是典型的职场女强人。她是一家外企的高管，信奉"女人必须独立，未来仰仗自己"。在校期间，她就一直参加各种考试，考取了各种资格证书。毕业之后，她凭借高学历和过人的能力与情商一路过关斩将，攀至高管的位置。

然而韶华易逝，光阴荏苒，阿莱在职场一路摸爬滚打，不知不觉就到了三十岁。在父母那辈人的眼里，女人三十岁真的是个高不成、低不就的年龄，这时候考虑个人问题，基本上就只能在婚恋市场接受"打折婚配"的命运。

面对近至父母、远至七大姑八大姨的问候，阿莱有点慌了。阿莱在外企工作的时间也不算短了，因此深受女权主义思想的影响。原本对结婚，她看得并不重，觉得既然情愫未到，也不必勉强，甚至已经做好了终身不婚的心理准备。但是面对外界的压力，她开始焦虑起来，觉得自己确实应该找一个男人，回归家庭，这样至少可以给父母一个交代。

阿莱物色了好久，也相过几次亲，却始终没有找到合适的人选，感情之事只能就此搁浅。接下来她一边应付着父母，一边质疑自己的女性魅力。

这还只是来自感情上的压力，作为一位事业型女性，在职场中要做到让领导重视、下属追随、平级欣赏、客户喜欢。要把事情做得面面俱到，实在不是一件简单的事，但正是因为难，才显得可贵。

阿莱说："职场不是社交场，光凭女性魅力并不能为你赢得尊重或认可，也无法为你的团队争取到所需资源或有利机会。职场如战场，需要做的事太多。要有魄力、有方针，还要做任务，最重要的是与同事结成同盟，同仇敌忾。"虽然她混迹职场多年，深谙与上下级的相处之道，但是明枪易躲，暗箭难防。

职场上一帆风顺的阿莱眼看就要荣升总监了，但是意外出现的海归Mary成了她晋升道路上的"拦路虎"。"一山不容二虎"，晋升总监大战一触即发，阿莱无疑遇到了一场艰难的考验。

大敌当前，兵临城下，阿莱在短暂的手忙脚乱之后镇定地看清自己的优势，积极调整战略方针，应对一切突发状况。奈何Mary能力强，心机又重，阿莱在城府和手段上明显稍逊一筹。最终，阿莱还是和总监之位失之交臂。

阿莱在生活和职场上的连番受挫，残酷地考验着她的意志。她感到身心俱疲，甚至开始怀疑自己的能力。每当想到糟糕的生活，她就感到孤独、无助、焦虑。

对于许多事业型的女性来说，工作和家庭往往难以两全。从生活的万花筒中，其实更能看出职场女性的不易。其实，工作只是生活的一部分，无论是选择工作还是选择家庭，女人都应该忠于内心。唯有如此，才能活出最真实的自己。

情绪整理：焦虑型人格的对症良药

焦虑型人格对亲密关系的影响

焦虑型人格的主要症状就是经常表现出惶恐和不安的情绪，时常担心会有糟糕的事情发生。这类人在亲密关系中最大的负面影响就是，习惯性地将焦虑情绪代入到日常生活中。

焦虑型人格患者大多都缺乏安全感，女性尤其如此。她们常常被害怕背叛或抛弃的恐惧所支配，会做出一些违背心意的事，只为了追求一种安全感。而这种追求安全感的错误方式会使伴侣对她们产生不解，甚至厌弃，而伴侣的这种反应又会加重女人的焦虑情绪，从而陷入周而复始的恶性循环。

我们总是企图用带有负面情绪的行为来获取伴侣的关注，比如，带着怀疑的试探性行为会使伴侣感到一头雾水，甚至产生逆反情绪。而我们也无法从那些带着怀疑的试探性行为中得到我们想要的答案，因为，伴侣很难发现我们的真实意图。

焦虑型人格患者总是希望在第一时间就得到伴侣的回应，这一表现在初步建立恋爱关系的女人身上体现得最明显。这类女人的焦虑总是那么赤裸裸，让人一览无余。没有第一时间得到回应的微信聊天，没有得到微笑回应的对白，没有说晚安的电话道别，都会让女人陷入焦虑，致使其夜不能寐。

患有焦虑型人格障碍的女人都是矛盾综合体，在亲密关系中表现得游移不定。确定的时候爱得死去活来，怀疑的时候又恨之入骨。对伴侣处于亲密不来又割舍不下的状态之中，这种情绪一直纠缠着她们，直到心力交瘁。

通常，这类人总是对外界持有一种怀疑甚至敌对的心理。她们认为这个世界是无可依靠、不值得信任的。她们不仅觉得别人在戴着有色眼镜看自己，自己也戴着有色眼镜来看这个世界。

她们长期将自己藏在伪装的面具背后，以假面试探别人，致使她们自己也深陷其中，无法清晰地认识自己内心的真实想法，那些表面情绪不仅迷惑了别人，也欺骗了自己。其实她们根本不了解自己。

那么，如何帮助焦虑型人格患者缓释焦虑情绪呢？最直观的方法不外乎两种。

一种是和伴侣建立互相信任、互相理解的亲密关系，在伴侣给予的安全感中渐渐缓释焦虑情绪。另一种则是寻求心理咨询师的帮助，毕竟专业的心理咨询师能更有效地找到产生心理障碍的内在原因，通过追溯心理障碍源头，对症解疑，帮焦虑型人格患者重建内心秩序，教会他们如何经营亲密关系，重新获得强大的内在力量，从而给自己带来安全感。

焦虑型人格患者的治愈之路

属于焦虑型人格的人内心早已警钟大作，他们当然知道，在两性亲密关系中如果不做出改变，就逃不过把对方逼走的命运。

一个有着严重焦虑型人格障碍的人，最长出现的情绪障碍就是紧张、提心吊胆、不安和过分敏感。严重者会影响到正常的工作与生活。这类人总是需要别人关注和认可，对拒绝和疏离过分敏感，需要专业人士的帮助才能回归到正常的心理状态中去。

1. 理解与反思

患有焦虑型人格障碍的人在亲密关系中发生矛盾与冲突时，最先想到的是指责别人，从对方身上找问题。其中只有极少数人会与对方产生共情，或是反思自己。

只有自己最了解自己，学会反观自己，我们才会明白冲突通常是怎样发生的，自己又是如何应对冲突的。只有看清原因，我们才能做出针对性的改变。已经确定自己患有焦虑型人格障碍的朋友，如果有治愈情绪障碍的意愿，可以多花一点时间和精力放在自己的心理健康状态上，对自己身心健康的投资永远不会贬值。因为只有了解焦虑型人格障碍的成因，才能更好地治愈自己。毕竟知己知彼，才能百战不殆。

这类人需要了解让自己形成愤怒、焦虑情绪的源头，确定伴侣的行为本身是否真的触犯到自己的焦虑情绪，或是因为自己的不自信导致的。

这类人对一段亲密关系的不安全感常常会通过负面情绪来直观地表达出来，但是他们的伴侣并不清楚他们的意图，只会觉得他们无理取闹。并且他们会隐藏自己真实的情绪，用试探的方式对待一段亲密关系。他们要清楚的是，这样做是否真的能够让他们得到自己想要的东西，还是只会让情况变得更糟？

首先，建议他们列举一些容易触发自己焦虑的场景，将它们放在左手边。例如，对于一个女人而言，男朋友没有接她的电话，她就怀疑他和别的女人在一起，于是她焦虑不安，怒火中烧，质问他的行踪，与他爆发争吵。

其次，思考自己想要达成什么目的，并将它们放置在自己右手边。一般情况下，这类人想要让自己的伴侣自发地给予自己安抚和积极的回应。

最后，反观左右两边，思考左边的做法是否能够达成右边的目的。从上述案例来看显然是不能的。的确，愤怒和冲动等负面情绪的表达能在短时间内为自己挣得一定的关注，但这种吸引注意力的方式势必会伤害身边之人，伴侣不堪压力，可能会表现出疏远甚至抗拒，进而破坏与伴侣之间的亲密关系。

患有焦虑型人格障碍的人常常不善于直接、正面地表达自己的情绪，心里想的和真正表达出来的意思往往背道而驰。最终，他们的焦虑情绪不仅没有得到缓释，还使自身与伴侣之间的信任锐减，加剧感情恶化。

2. 沟通与接纳

在这里要谈到的沟通与接纳分为两个部分，一个是自我沟通与接纳，另一个是对伴侣的沟通与接纳。

现代社会快节奏的生活让很多人奔波于世俗之中，很少有人有自我沟通的意识，这也使属于焦虑型人格的人无法正视自己的内心，与自己做出有效沟通。属于焦虑型人格的人更容易将对自己的不自信投射在伴侣身上，变成主观的不安。不安全感很容易衍生出焦虑、怀疑、愤怒、责怪以及自责等情绪。

作为焦虑型人格的人，我们要通过和自己一起回顾生命历程中的那些重要的亲密关系，洞察自己在这些关系中被忽视的内心需求、被压抑的愿望表达和被抛弃的痛苦经历等，在和自己建立的温暖、稳定而有力的亲密关系中，拥抱那个内心孤独而弱小的自我，欣赏那个自卑而无助的自我。

患有焦虑型人格障碍的女人常常对依恋之人产生不信任的心理，她们总是习惯性地夸大处境中的潜在危险。她们对男性产生的好感往往是自己赋予的，她们把心仪的男人想象得过于完美，以此来获得属于自己的安全感。因此，一旦伴侣表现出与她们期待不符的行为，她们就会通过各种负面情绪来表达自己的焦虑。其实，她们摆脱焦虑的方法就是，接受伴侣的不完美，也接受自己的不完美，这样，她们才能从对自己或对世界的幻想中解脱出来。

3. 重建安全型依恋体验

在认识到自己的心理障碍之后，这类人就可以通过与伴侣沟通的方式，让伴侣了解这类人的焦虑情绪是如何产生的，具体分析一下是什么类型的事件导致了自己的焦虑。还有一点尤其重要，就是向伴侣清晰地表达自己的真实想法和情绪，向伴侣表露自己言不由衷的真实心理。

对这类人来说，要想治愈焦虑型人格障碍，重点是持续接收不变的爱。在与伴侣不断沟通的过程中，从有温度的关系开始，重新建构新的安全依恋体验。当他们能够坦然面对伴侣时，他们会发现他们可能不够完美优秀，但足够真实温暖，内心就会充满不可言喻的感激和温情。当能够修复生命中的匮乏，不再被情绪控制时，再逐步引导认知层面的修正。这时，他们的焦虑情绪就已经缓解了一大半。

利用情绪平衡法化解焦虑情绪

当我们将焦虑情绪赤裸裸地通过愤怒或者嘶吼的方式表达出来的时候，这就意味着我们已经被它牢牢地控制住了。

我们带有消极情绪的本体是不客观的，情绪只是情绪，要知道它并不代表我们，将自己与焦虑的自己混为一谈本身就是一个伪命题。

当我们与焦虑情绪对峙时，我们也会想方设法地缓释负面情绪。通常，处理焦虑情绪的方法有两种，一种是毫无顾虑地宣泄出去，另一种则是强行压抑自己的焦虑情绪。毫无疑问，这两种都不是最好的办法。宣泄与压抑都不能从根本上解决问题，相反，愤怒的种子将会在心里生根发芽，情况也将变得一发不可收拾。

任何一种由焦虑引发的糟糕情绪，其实都是一种自我防御机制，因此，从根本上讲，对于焦虑情绪，我们需要做的是坦然面对。正如马丁纳所说，平衡情绪是一种能力，我们必须以不压抑的方式辨识、认知、接纳并协调我们的情绪。这里介绍一种情绪平衡法，它能够让我们收起敌意，既不过分压抑自己，又不会对他人造成攻击，就能及时、有效地化解我们产生的焦虑情绪。

第一步：识别负面情绪，并保持警觉

首先，要学会看到自己的负面情绪。每当觉察到自己出现了不愉快的感觉，我们就要对此保持警惕。

如果是恐惧的情绪，我们就要清醒地看到"我在害怕"；如果是愤怒的情绪，我们就要清醒地看到"我在生气"；如果是嫉妒的情绪，我们就要清醒地看到"我在嫉妒"……只需如此而已。

其实，我们通过某种途径向外表达的情绪都是我们内在心理的映射，有时候，可能是我们过于苛求自己，容忍别人，才会生出负面情绪来。我们把原本不属于自己的错误全都揽到自己身上，这无疑给自己平添了许多烦恼与压力，从而令内心更压抑。

在焦虑情绪引发的糟糕状态中，我们应该学会正视情绪，我们不该对此有所怀疑。承认自己就是由于焦虑生气了、不安了、害怕了，又能怎么样？我们话题的侧重点不是逃避或者对抗焦虑，而是接受它。只有正视焦虑，允许自己有情绪上的波动，我们才能获得内心的平静，这样情绪才不会失衡。

第二步：允许情绪的产生

焦虑情绪总是来得很突然，也许只是因为在没有带伞的情况下下起了雨；也许只是因为在想要用手机付款的时候没有了电；也许只是因为我们的孩子考试成绩比上一次掉了两名；也许只是因为同事在去吃午饭的时候没有叫上我们……如此种种，当然会让人觉得恼火，坏事情不期而遇，我们也有理由表达不满，这都无可厚非。但需要注意的是，生活不总是如此，我们不能被偶尔的不顺心搅乱了思绪，剥夺了判断力。

当我们意识到焦虑情绪将要来临之时，要先做好心理预设，这样焦虑情绪才不会被放大。其实情绪是一个中性词，无分好坏。人们只是按照自己的心理体验给情绪分了类别，无论它让我们感到愉悦还是痛苦，其本质都是我们内心对过去积累情感的投射。

第三步：找到触发情绪的根源

认识并接受自己的情绪，同时觉察到这是一种选择，这样我们表达情绪的方式会更恰当。当我们认清情绪的本质时，就不会再排斥任何情绪的出现了。

事实上，不只是焦虑情绪，当身体中任何一种让我们感到不适的负面情绪出现时，对于我们来说，都是身体心理健康的一种预警。它提醒我们要审视自己的内心和价值观，提醒我们要保持内心的平衡。我们只要在面对负面情绪时保持平常心，就能从中探究到负面情绪产生的根源。唯有找到根源，我们才能真正从源头上解决问题，释放负面情绪。

世事无常，这个世界有太多不可抗拒的因素。从本质上讲，我们的焦虑情绪的成因从来不是受外界环境主导的，只有我们才是情绪的主人。很多时候，我们之所以焦虑是因为外界影响了我们的内在认知，最终才触发了焦虑。因此内心的平衡异常重要，它是心理健康的主要指标。

第四步：释放情绪

要想不让自己的内心失衡，最重要的一步就是接纳自己的不完美。爱自己，要从学会释放自己的焦虑情绪开始。

如果我们因为某个人、某件事而触发了焦虑情绪，我们应学会及时释放这股能量。要想做到这点，我们必须宽恕触发情绪产生的人或事，也需要宽恕自己让别人引起了我们的焦虑情绪。只要外界还能触发我们的焦虑情绪，就意味着我们对某些事依然有心结。

焦虑情绪使人心力交瘁，这是患有焦虑型人格障碍的人最深的感触。焦虑消耗人的能量，这种量度的消耗不比身体消耗少。焦虑使我们心烦意乱的同时，也会让我们陷入低迷消极之中。更严重的是，焦虑甚至会使人陷入绝望的深渊。因此，从这个意义上讲，如果我们将消耗在焦虑上的能量用于其他领域，我们必将有所收获。

和焦虑的过去握手言和

"我想靠近你，但是我怕你会推开我；我想和你亲近，但是我怕你根本就不在乎我；我想你爱我，但是我无法信任你。总有一天，你会抛弃我……"

这是焦虑型依恋人格的人的内心独白。

爱的人卑微、丧失自我，被爱的人窒息、不堪重负。这是焦虑型依恋的个体在亲密关系中常有的痛苦感受。在歇斯底里的焦虑愤怒情绪和霸道的控制行为背后，其实都藏着沉重的不安全感和无法面对可能被抛弃的恐惧，其本质还是焦虑型依恋人格的人在自我认知上出现了问题。

要想改善这种情况，首先应该确认外在事实，比如，如果男朋友没有及时回复微信，那么我们应该学会移情换位，想想自己没有及时回复微信一般都是在什么情况下，然后对应到男朋友的身上，而不要第一时间去追问原因。先让自己平静下来，在第二时间打电话过去，告诉对方自己的焦虑情绪是如何产生的，通过有效的沟通，让对方鼓励我们勇敢面对焦虑，给予我们情感上的支持，而不是强求对方改变。这种新的互动模式，会带来全新的体验和情绪反应，而这种独特的结果，将会成为两个人关系改善的基石。

同时，还要学会安抚自己的情绪，以缓解"一点即燃"的瞬间暴怒失控状态，重新修建与朋友、家人等有意义关系的联结，使自己获得支持。值得提醒的是，焦虑型依恋人格的人建立亲密互动关系需要相对较长的一段时间，所以请对自己多点耐心。

　　需要注意的是，并非所有方法都有效，或者能够同时照顾到双方的感受，所以不断改进和平衡也很重要。但是要遵守三个原则：第一，不要隐瞒，尽可能直接、准确地让伴侣了解我们焦虑情绪背后的本质原因，给对方回应的机会，让他知道我们不是在纯粹地发泄和攻击；第二，让每一次的焦虑消弭于及时的化解，而不是演变成矛盾之后不断发酵升级；第三，积极修复已经产生的裂痕，敞开彼此的心扉，在这段关系中携手共进，共同成长。

　　最后，要告诉自己：这段和过去和解的历程，我会坚持不放弃。

第五章

不是装模作样，只是有点内向

我们习惯于给别人贴上性格标签，要么是开朗外向的，要么是沉默内向的，但我们当中的大多数都是时而健谈又时而沉默的。开朗的是你，偶尔沉默的也是你，每时每刻的你，其实都是最真实的自己。

情绪黑洞：选择性沉默

在同学聚会上，我本来坐在角落里一言不发地埋头吃东西，认真地做一个"吃货"。没想到，我忽然被点名了，一个上学时期都没怎么打过交道的同学站起来说："你怎么不说话？我记得你以前挺能说的啊，上次聚会时你还侃侃而谈呢。"

大家都将目光投向我，我嘴里的东西还没来得及咽下去。

我常常自诩是个十分外向的人，和相熟的人在一起，我总是很活泼，但在有些场合，我却总是闭口不言。

在不同的人眼中，我是不同的。我时而热情，时而冷漠，宛如一个精神分裂症患者。其实，我只是选择性沉默而已。

上个月，我代表公司去参加一场高层座谈会，席间与会者可以自由发言。我们不知怎么的，谈着谈着就谈到了女权问题。

一位西装革履的中年男士说："我觉得女性无论在什么年纪都应该保持吸引力，这是对自己身体的尊重。"

另一位男士立刻接话说："是啊，我招聘女员工的时候首先看脸，其次看身材。"

旁边的人都跟着打趣："哎呀，李总，你怎么把大实话说出来了呢？"

作为席间唯一的女性，我虽心有愤愤，但不能辩驳。为什么？因为李总是我们公司潜在的大客户。我只能坐在一边沉默不语。

后来和闺密聊起这件事，我心中依旧愤愤不平："真是世界之大，无奇不有，上次在一个座谈会上，一个男人说他招女员工只看相貌和身材，脸蛋漂亮、身材曼妙的通通留下，这么物化女性，想来这个男人的境界也高不到哪里去。"

闺密一开始还安静地坐着，突然一拍大腿，惊呼道："这个主意好啊，我怎么没想到呢！以后我招聘男员工的时候，也要把男人的脸和身材作为筛选的标准，高的、白的、帅的、肌肉线条好的，留职加薪。给我们女员工一点视觉福利，工作累了，看看帅哥养养眼，也是很益于身心健康的嘛！"

我说："你一个开美容院的，招什么男员工啊？"

她激动地说："梦想啊，梦想懂不懂？"

我立刻揶揄她说："梦想还是要有的，万一实现了呢。"

所以呀，你看，在朋友面前完全不必顾忌什么，只要不伤及尊严，不触碰伤口，互相调侃是一件令人很舒服、很轻松的事情。因为你们足够了解彼此，有足够的信任感，你抛出一个包袱，她当即就能稳稳地接住。

女人相比于男人还是比较任性的。很多可以选择的时候，我们想说话就说话，不想说话就一言不发。有时候喜欢朋友们欢聚一堂谈天说地，有时候就想享受一个人独处的安静时光。

也有人问过我："你是不是双鱼座？"

我说："为什么这么问？"

朋友说："因为我觉得你很神奇，时而高冷，时而活泼。在不同场合，和不同人说话，完全是两种风格。不是说双鱼座的人都有双重人格吗？"

我说："不是，我是处女座。"

所以，漫漫人生路，交几个三观不谋而合的朋友，择一个聊得来的良人，真的很有必要。等到垂垂老矣，依然有人陪我们谈笑风生。

三观不同，不必强融

西西是个很潇洒的女生，喜欢开玩笑，性格豪爽，为人仗义。

天气热的时候，她喜欢露出锁骨和小腹，明明服装是很简单的裁剪，她也能穿出性感的味道来。

毕业一年后，西西家里突然发生了变故。她背负着家里的债务，原本还算富足的日子一下子变得很拮据。

后来，西西交往了一个男朋友景浩。景浩是一个皮肤有点黑、眼睛很大的男生。第一次见到他，西西就觉得他憨厚温和、心地善良。

景浩得知西西的情况后，要西西搬过去和他一起住，说要负责西西的一切。西西就像抓到救命稻草一样，打包行李，搬去和景浩同住了。景浩也说到做到，一手接过西西手中的担子，扛在自己的肩上。

西西的生活确实得到了改善。衣服、包包，只要她喜欢，景浩从来都毫不犹豫地为她买。西西很感恩拥有的一切，出于感激也要和景浩在一起。

景浩是一个很传统的男人，觉得既然在一起了就要负责，所以他把西西的照片拿给父母看，如果父母同意，就决定和西西结婚。

可能是出于补偿的心理吧，西西一直在扮演着景浩喜欢的角色。她勤俭朴素，说话温柔，坚持穿长裙。在景浩面前，她只敢说自己交往过两个男朋友，第一个初恋时不懂爱情，第二个男生"劈腿"了。

最让西西崩溃的是，他们的生活习惯和兴趣完全不同。景浩不抽烟、不泡吧、不打球、不旅游，两个人最大的娱乐活动就是逛逛商场和超市。这并不是西西想要的生活，但是为了迎合景浩，西西总是保持沉默。西西那颗热爱生活、乐于冒险、向往自由的心，就这么硬生生地被锁了起来。

西西说，他们分手是因为景浩父母的一句话。

景浩的父母拿着西西的照片说："一看就不是正经姑娘，赶紧分了吧。"

景浩从来都不会违背父母的意愿，这次也没有。出于内疚，景浩在分手的时候给了西西五万块钱，作为对西西的精神补偿。

西西并没有多少难过的感觉，她甚至觉得庆幸，有一种从牢笼里解脱、重获新生的感觉。

西西说："我很感谢景浩的父母，他们一眼就能看出来我和他不是一路人。如果不是他们，我永远也没有办法和景浩说出'分手'两个字。他真的挺好的，如果没有他的慷慨相助，我真的没有办法这么快就渡过难关。但是观念无法融合的人在一起注定是一场折磨，跟他在一起实在是太压抑了。现在回想起来真的太可怕了，我无法想象我的一生要和一个让我无话可说的人一起度过。"

西西后来又变回了她自己。她现在的男友和她一样爱吃、爱玩、爱闹，喜欢交朋友，热爱新鲜事物。

我们需要一个三观相合的人来取暖，那种被认可和接纳的感觉便是刚刚好的温度，能够温暖我们的内心和灵魂。否则只能被动地沉默，这种被动的沉默非常可怕，杀伤力很大，使我们在压抑自己的同时，也让对方过得不幸福，感情终究会降到冰点。

不要让沉默成为逃避的借口

我的一个小学妹向我倾诉，说她直到出了校园才发现人生处处有缺陷。原来，初入职场的她，还是学不会如何向这个世界妥协。

学妹说她的老板是一位特喜欢被人恭维的人，应运而生的就是一群精通阿谀奉承的同事。老板喜欢作诗，还是书法的资深爱好者。他经常把他的作品拿到公司里来让同事们欣赏，然而老板写诗的水平实在有限，书法也如同小学生的涂鸦。

她的同事们都很热情地围观，溢美之词花样百出，唯有她一言不发地呆立在旁边，搜肠刮肚也说不出一句恭维的话来。

这个学妹不仅在这时候沉默不语，平时和同事相处得也不是很融洽。她已经工作三个月了，见到同事还是不敢打招呼；中午，她一个人坐在角落里，自顾自地吃着午餐；部门聚餐，众人欢快地交谈着，她只是默默地坐在一旁，用余光观察着大家，小心翼翼地吃着自己碗里的饭菜。

一次，她有一个到付的快递，快递小哥送来时她正好没在座位上，边上的同事也没有帮她签收。她心里感到很委屈："我也没有得罪大家，为什么他们要这么对我？"

我问她："你为什么不跟大家一起吃午饭，为什么不和他们打招呼呀？"

学妹理直气壮地说："我觉得跟他们不熟啊，我不知道该说些什么。她们在一起不是谈论化妆品就是谈论包包，这些我都不感兴趣。"

"你抱怨他们没帮你签收快递，那你有帮过其他人吗？"

"没有。我怕人家嫌我多事。"

我很纳闷，学妹在学校的时候不是一个不合群的人，还参加过辩论比赛，怎么到工作中就变成这样了？

虽然我不赞成阿谀奉承，但是这些年我见过太多有棱角的人，他们渐渐被岁月磨得世俗，失去主见。也许有一天，我们都会被时代改良成不那么彻底的从众者，对着他人漏洞百出的荒谬言论随口应和，并将这种行为粉饰为教养。我只是希望这一天可以来得晚一些。

不可否认，后面那些事情明显是师妹的原因，因为对社交产生了焦虑，所以她选择了逃避，逃避的办法就是沉默。初入职场，可能会有些无所适从，但如果想长久待下去，就该懂一点职场沟通技巧。这并不是要刚入职场的女孩溜须拍马，做别人的跟从者，如果我们有和别人不一样的意见，可以用婉转的语句说出来，说不定别人还会因此对我们刮目相看。但沉默只会让别人忽略我们，让我们维护不好人际关系，甚至还会影响我们工作的正常进展。

沉默的背后是一颗真心

周末回家，妈妈问我："以前老是来咱们家玩的那个小姑娘现在怎么样了？"

我心里惊起一片波澜，我知道妈妈说的是你。

上一次见到你还是在一个聚会上，你穿着白衬衫、牛仔裤，化了得体的淡妆，却还是遮不住黑眼圈。略显憔悴的你，与身旁的女同学热络地聊着。

我远远地看着你，以前那个巧笑嫣然的姑娘与你的影像重叠起来。鬼使神差地，我走过去，问你："最近怎么样？"

看到我，你的眼睛里释放出一点热度，又在片刻之间黯淡下去。

你说："挺好的，你呢？"

"我也挺好的。"我还想再说些什么，却什么也没说出口，尴尬得仿佛连空气都凝结了。我觉得心里悲凉如水，有一种深深的无助感。

就像在月色正好的晚上，我们想与昔日的好友举杯漫谈，谈谈梦想，谈谈未来，却发现对面无人，空杯对冷月，夜风独自凉。

想当年，我们一起住寄宿学校，同在下铺的我们总是头对着头睡觉，用手机打着光，小声说着悄悄话。你我互称知己，说得兴致高了，你把你写的诗拿给我分享，我说这个地方写得好，这个地方还可以润色，你一脸认真地听着，还煞有其事地拿红笔标注着。

当时我们都喜欢看韩寒的作品。

你说："他总是喜欢用很平淡的语气讲着很有趣的事情，偶尔意味深长地坏笑一下或是抖出一个很冷的包袱，动作很小却足以触动人心。"

我说："我没有你理解得那么深刻，我只是觉得他的小说里出现了很多洗头房、小宾馆的场景设定，而且刻画得很真实，很有生活气息。"

你睁大了眼睛说："呀，你不说我还不觉得，你一说我深有同感啊。"

然后我们借着手机微弱的光，不怀好意地相视一笑。

那些相见恨晚的时刻，时间总是溜得那么快。

可是，是什么让我们隔得那么远了呢？又是从什么时候开始，我们从无话不说变得无话可说了呢？

我们的生活轨迹已经像两条交错的轨道一样驶向完全不同的方向，尽管攒了很久的话想和对方说，最终却仅仅停留在问候的层面，因为再也没有办法感同身受。很多时候，我们为友谊干杯，歌颂它地久天长，却没想到我们的友谊已经无疾而终。

我端起一杯酒，走到你的身边说："《乘风破浪》看了吗？"

你诧异地抬起头，目光中流露出兴奋之情，和之前谈论家长里短的你一点也不一样："看了，我觉得比《后会无期》拍得好很多。"

之后我俩坐在一起，叽叽喳喳地聊着，时而调侃，时而哈哈大笑。那些逝去的时光好像又回来了。

那些一起哭过、笑过、疯过的时光，是最好的时光，它们静静地沉淀在岁月里，被我珍重，被我收藏，现在又被一下子释放出来了。

道别之后，我们虽然不常见面，但经常在网上聊聊我们感兴趣的话题。时间并不是那么可怕，可能会带给我们短暂的沉默，但只要我们肯跨出一小步，看到自己沉默背后的一颗真心，或许一切都不是问题。

谈论八卦有益身心健康

周末闲散时光，我无所事事，想起朋友推荐的一个谈话节目，便去网上观看。

这个谈话节目的主持人，也可以说是话题的展开者是个很有意思的人。在一期谈论女性的专题节目里，他提到一个有关社会遗传学的观点，令我印象深刻。

他说，在原始社会，男人负责打猎，女人负责采摘和照看孩子，所以久而久之，男人就养成了沉默寡言和忍受孤独的习惯，因为打猎经常需要长时间的伏击，一动不动，也不能说话；而女人们在采摘活动中会有更多语言上的交流，于是相对于男人来说，女人有更强的倾诉欲和社交能力。

我觉得这个论点很有意思，这么说来，女人爱聊八卦由来已久。

可以想象，一万年前，一群女性采集者在树下乘凉，她们谈论着男人们打猎谁故意跑在后面了，谁分肉的时候多拿了。我们的祖先可能就是这样，一边讲着八卦，一边进化；一边讲着八卦，一边步入现代文明。

今天很多现代女性依然得益于祖先赐予的这项神奇技能。

办公室、茶水间里，总有一些女员工聚在一起，形为休息，实为互相谈论八卦。她们交头接耳地低声议论着："新来的那个漂亮女员工是什么来路？""听说空降公司的总经理是老板的关系户，不知道真的假的？""今天开会时那个拿下公司重要项目的帅哥叫什么啊？你看他穿西装的样子真帅啊。"

太阳挂在西边迟迟不肯落下，金灿灿的余晖照得人心暖暖的。茶余饭后在小区里散步的阿姨们也喜欢聚在一起，她们闲聊着谁家换了新车，吃什么东西可以增强免疫力，哪个超市里的鸡蛋促销了，哪里的水果新鲜又便宜。

校园里，关系好的女生们也三三两两地聚在一起，议论着各自的偶像什么时候有新作品，什么时候开演唱会；班里的学霸这次又拿了国家奖学金；计算机系有个"大神"被微软挖走了，试用期工资就能拿一万；那个阳光校草和哪个系的美女谈恋爱又分手了。

女性在微信上也是最活跃的群体，她们每天转发着各种养生小知识和励志文章；她们纂文声讨娱乐圈里的不良现象；她们在朋友圈里分享自己的美好生活……

毕竟，生活不总是有趣的，所以我们就要为生活寻找一点乐趣。相信这也是八卦新闻如此流行的原因之一吧。

根据相关研究，男人每天只需要说一千个字就可以获得心理满足，而女人每天则需要说五千个字才能获得心理满足。女人之间谈论八卦可以帮助女人完成想要表达的诉求。

可见，适当地谈论八卦除了能够获得信息，还能让我们享受分享的快乐。我们谈论八卦，我们快乐；我们谈论八卦，我们和谐。

情绪整理：如果常常沉默怎么办

选择性沉默的内因

选择性沉默本身不能算是一种病症，它主要描述了这样一种现象：在人际交往中，有一类人和相熟的人无话不谈，聊得热火朝天；在不熟的人面前无话可谈，显得冷若冰霜。所以同一个人在不同的情境下有着矛盾的表现。

熟悉这类人的人认为他们乐观开朗、活泼健谈；不熟悉这类人的人认为他们沉默内敛，不善交际。也就是说，对于他们的选择性沉默，不同的人有截然不同的印象。

那么，女人为什么会经常选择性沉默呢？

1. 女人喜欢将群体标签化

女人生来就喜欢扎堆、聚群、组织小群体，所谓"你们""他们""我们"就是女人下意识给自己贴上的标签。

心理学博士佐斌认为，认知上的分类会让人们主观上知觉到自己与他人共属，从而产生一种认同感。这样的认同容易引起给内群体较多资源以及正向评价的印象，而对外群体成员则分配较少资源并大多给予负面评价，实则体现了外群体歧视。

内群体偏好是群体取向的基本特征。这种特征对应到生活中往往表现为，当我们换了新工作，到了新环境之中，常常感觉自己与新同事有很深的距离感，更不懂得如何快速融入新的集体之中。

其实，说到底还是对外在群体的不认可，是自我排斥机制在作祟。

对于不熟悉的外群体，女人出于自我防御和保护机制，会不自觉地在心中树起敌意和排斥心理。选择性沉默者到了一个新环境，面对不熟悉的新群体，通常会下意识地觉得："我和他们不是一路人，我和他们聊不来。"

2. 不说话就没有伤害

害怕和陌生人交谈，害怕自己哪句话说错了会影响交情，可还是得说两句，以显得自己还算合群。这是选择性沉默者最常见的内心独白。

这类人认为，朋友之间不一定什么都聊得来，世界上没有三观完全一致的人。明明是可以保留意见的事情，非要争个你死我活，寸步不让，这自然会影响交情。

于是选择性沉默者内心焦虑，想着没有评价就没有伤害。

选择性沉默者还常常出现这种想法：我忽然这样讲话会不会显得很奇怪？算了还是不说了；如果与别人想法相悖，人家会不会笑话我？算了还是不说了；说了又有谁会听呢？算了还是不说了；我的看法无足轻重，算了还是不说了……

选择性沉默者并不是没有表达的欲望，很多时候，他们只是有太多顾虑。他们认为不同意也不反对，才不会有人不喜欢他们。不过，当他们确定自己的发言能够得到回应时，他们就不会再选择沉默，而是积极踊跃得多。

这类人之所以会选择性沉默，其实是一种安全范围内的心理防御行为，他们的想法很简单，即在没有被冷落的风险的群体中可以畅所欲言，一旦有被无视的可能，他们就会选择闭口不言，这当然是最稳妥的选择。

3. 社交焦虑在作祟

人们通常把大多数人做的决定看作是正确的判断，然后自己跟着去做同样的判断，这样他们就会产生一种不会犯错的安全感。因此选择性沉默者在这种情况下首先会选择沉默，先听听别人怎么说。其实选择性沉默也是社交焦虑的症状之一。

从社会心理学的角度上来看，个体生活在社会中，会有一种对环境的监控能力。监控能力强，表明他们更看重外界对自己的态度；监控能力弱，表明他们更看重自己内心的感受。

当自己的意见和大多数人不同时，就会招致排挤和孤立，尤其是进入信息时代以来，大众舆论越来越受到媒体的引导和操控，当自己想要在一片压倒性的评论中提出质疑，发表相反观点时，就必须做好面对铺天盖地的谩骂、攻击和骚扰的准备。在这种情况下，我们有多大的勇气去挑战处于权威的大多数呢？

因此，他们认为：与其冒着被攻击的危险说话，不如选择比较保守的沉默。

从承认自己有社交焦虑开始

研究表明，慢热型的人通常都是易患社交焦虑症的常见人群，而我们当中的大多数都属于慢热型。因此，从这个意义上讲，内向、慢热和社交焦虑算不上什么大问题，因为这几种表现代表了很多人的社交常态。

女人尤其如此。她们开心的时候可能喜欢多说几句话，不开心的时候就会将自己藏起来，窝在角落里谁也不理。她们遇到合拍的人会眉飞色舞、侃侃而谈，变身"人来疯"；遇到看不顺眼的人就会爱答不理，她们变身"高冷女人"。

但如果部分女性真的有社交焦虑，不知道如何与不熟悉的人交谈，并且想要改善这种情况的话，那么以下有几点小建议供大家参考。

1. 接受自己的糟糕表现

首先，学会接纳自己在与人交流时的焦虑情绪。承认自己是不完美的，人在完全暴露的环境下总是会紧张的。当自己在一个万众瞩目的环境下发言时，会紧张到手心出汗、声音颤抖，我们不必觉得羞愧或者难堪。从承认自己有社交焦虑开始，接受自己的不完美，只有直面自己的情绪，才有可能完善自己的行为。提高自己的社交能力，给自己多一点时间和耐心，为自己创造进步的机会，这也是一种成功。

2. 降低对自己的期望

很多时候，我们之所以会产生很多烦恼，纠结于很多事情，往往是因为期望太高和过于追求完美。我们对自己的期待太高，才会为没有达到自己的预想而苦恼。

在察觉到自己在人际交往中的焦虑情绪和回避行为的情况下，如果一个人依然不满足于现状，试图勇敢面对，就应该多给自己积极的暗示，鼓励自己多参加集体或者社团的活动，而不是回避社交。既然我们永远也成不了全世界最会说话的人，又何必为难自己呢？降低对自己表现的期望，即使表现得不那么理想，也不要去责备和苛求自己。

3. 接受聊不来是常态

我们之所以会产生社交恐惧，很大程度上是因为我们把社交活动看成了权衡一个人是否优秀的标准。所谓的自尊心，它仅代表了一个人对自己价值的估量。所以当这类人能做到一些别人做不到的事（比如与陌生人毫无压力地侃侃而谈）时，他们就会觉得自己能力非凡，觉得自己有比别人更加优秀的义务，当自己的努力成为义务之时，他们就会不堪压力，在自己擅长的领域受挫，这也会使他们怀疑自己的能力。

假如自己陷入浅度社交焦虑的困境里，不如换一种心理设定：不必强求自己在任何场合都能如鱼得水，有时候当一个沉默的旁观者也未必不可。当和陌生人交谈时，不用担心空气里突然的安静，也不必觉得尴尬。因为和相安无事相比，没有任何意义的"尬聊"并没有高级到哪里去。当无话可说的时候，不必强求自己说话，很多时候，沉默才是人生的常态。

创建浅层互动情境

社会互动按照深度来划分，可分为深层互动和浅层互动两种情况。所谓深层互动就是在情境之中，双方通过信息交换或者行为交换而导致的心理上、认知上或是行为上的转变。通常，深层互动意味着交流时间更长，认知层面挖掘得更深。它是指内心感受和反思在两颗心灵之间的交流。如果异性一起跳舞，就是进入了浅层互动；如果异性开始谈恋爱，那就进入了深层互动。

女人的选择性沉默，主要是因为社交焦虑。作为女人，我们不像男人喜欢应酬，广交人脉，但有时候我们又不得不参与到社交中。为了改善这种现象，我们可以从创建浅层互动情境开始，毕竟浅层互动简单、易操作。

浅层互动是指仅仅满足于基本的社交步骤的互动，只通过肢体语言甚至沉默不语也能进行的浅层交流。例如，与商店的售货员询问商品位置，向陌生人问路。

浅层互动对于一般人来说，没有什么难度。但对于重度社交焦虑患者来说，困难重重。他们因自卑或者恐惧心理作祟而产生深深的焦虑，这种焦虑将严重干扰他们的正常思维和活动。

女人天生就比较敏感细腻，不愿意被未知的东西打扰、伤害。通常情况下，她们都对不必要的社交活动避之不及，这也是女人会选择性沉默的主要原因之一。所以，如果想要改善这种情况，就不要逃避现实生活中可能遇到的浅层互动情境。关上电脑，不要因为无聊刷微博，不在虚拟的网络世界里彷徨。

试着走出去，给自己制订一个循序渐进的、合理的健身计划，和健身房的小伙伴们交流健身心得；早睡早起，迎接清晨的阳光，和同行的路人友好寒暄；晚上闲暇时刻多出去走走，看看都市的夜色。

不要把所有时间都用来看书或看电影，因为书和电影作为一种精神营养品，虽然不可或缺，但是花在这两方面的时间太多，也会拉开我们和现实世界的距离。

创建浅层互动情境不要急于求成，不要急功近利，不要寻求刻意的巨大改变。多给自己一点耐心，质变的前提是量变的积累，改变的过程总会有波折和反复，但总有一天，我们会遇见一个更好的自己。

通过尝试浅层社交，我们会越来越活泼开朗，越来越美丽动人，越来越善于与人沟通交往。这些小小的收获会鼓励我们更加努力，以争取更大的收获。终有一日，我们会发现，原来曾经困惑自己的问题是那么微不足道。

学一点沟通技巧，缓解沟通障碍

无论是出于社交恐惧的选择性沉默，还是出于任性的选择性沉默，学一点沟通技巧对于缓解沟通障碍是有好处的。

1. 从最简单的寒暄话题开始

最简单的聊天方式当属寒暄了。所谓寒暄，通俗来讲就是有一句没一句地随便聊聊，没有任何目的性，因此，寒暄是人们增进了解和加深友谊的重要方式，寒暄无疑要从最日常、最简单的话题开始。

社交达人也是从简单的话题开始聊起的，因为简单的话题是最安全的。要想和陌生人畅聊，最重要的就是找到共同话题，找共同话题的前提就是从简单的寒暄开始。与别人聊聊天气、星座、娱乐八卦、新闻热点，也可以抱怨交通状况，不要担心话题无趣。寒暄的话题不要刻意追求"高大上"，硬要聊诺贝尔文学奖和《自然》杂志才叫奇怪呢。

2. 找到对方感兴趣的点

在最开始的寒暄过程中，我们要多观察、多倾听，成功地获悉对方的兴趣所在，这样才能为后面的谈话打好基础。在谈话过程中，我们可将话题往对方身上引，把话语权交给对方，这样一来我们能从对方的诉说中找到他感兴趣的话题，二来能够充分满足对方的倾诉欲。

3. 学习有效沟通

度过寒暄阶段之后，社交谈话就要进入有效沟通阶段了。有效沟通才能让谈话变得更有价值，也是交流者了解彼此真实意图的好办法。

有效沟通的第一步就是找到话题的切入点，然后条理清晰地将自己想要表达的观点讲清楚。当遇到意见相悖的情况时，不要争吵，而要用一种双方都能接受的方式处理好争议。

学习有效沟通的技巧，才能正确定义人际关系中的情绪问题，才能帮助我们克服社交焦虑情绪带来的消极影响。

当然这些建议只是在我们有心改变的时候才有参考意义，如果我们只想当一个随心所欲的小公主，当然会对这些建议感到无所谓。

总之，在这个言论自由的时代，我们有权畅所欲言，也有权保持沉默。所以，说或不说，全凭自己决定，只要开心就好。

第六章

买得来快感，买不来快乐

女人是天生的购物狂。

开心时，我们会用购物来奖励自己；不开心时，我们会用购物来安慰自己；心情不好不坏时，我们会用购物来打发平淡的时光。

情绪黑洞：强迫性购物欲

在知乎上看到这样一个问题：为什么女人每年都要买新衣服？

点赞最多的答案是，因为没钱，有钱的女人天天都在买新衣服。

这个回答我服气。

我不想提我高中之前，因为高中之前我的审美并没有得到正确的引导，基本上都不怎么照镜子，对胖瘦美丑也没有什么概念。我换上新衣服全是托变胖了旧衣服穿不上的福。

直到我上了高中，情窦初开。我开始审视自己，从此以后我便开始放飞自我。我从一个买东西只局限于文具的"三好女生"，变成了一个遇到什么都想买的"购物狂魔"。

我的购物史也是价值观的蜕变史，以前我买东西仅仅是为了让自己更有吸引力，而现在则完完全全是为了让自己快乐。

我的男性朋友问我："你们女生为什么那么爱买包？"我告诉他这是有深层次的心理学原因的。

心理学家说，女人需要保持身体线条的轻盈飘逸感，身上口袋里不宜装东西。同时女人又需要很多东西，所以女人基本上都爱买包。从潜意识的层面看，女人爱买包可能是具有提高拥有感和掌控感的象征。

但女人爱买的东西绝对不只是包，女人什么都爱买，只要她喜欢。

每次和闺密逛街都是一次心灵冒险，去商场买衣服，不进试衣间则已，一进试衣间就很难不买回一两件衣服来。

再加上有闺密在旁边煽风点火，互相吹捧。

闺密拎着我心仪的衣服，建议："这件连衣裙美是美，要是再配上一双银色高跟鞋就好了，简直是不食人间烟火的小仙女啊！"

闺密说得对啊。

于是我们到了女鞋店，发现高跟鞋边上的那双绑带鞋也很仙、很飘逸，搭配新买的连衣裙也美极了。运动鞋专卖店就在旁边，连衣裙搭配一双小白鞋可能是另一种风格。

衣服和鞋都买好了，怎么能少一个合适的包包呢？我最爱的品牌推出限量款包包，还剩下两个，简直是意外之喜啊……

最后我们拎着大包小包走出商场，简直神清气爽、活力爆棚。

通常，很多女人爬个山都会觉得累惨了，但是逛街逛一整天依旧活力四射；女人到了陌生环境方向感全无，但是到了偌大的商场，她们却比GPS（全球定位系统）的定位还精准。

男人都会惊奇于女人逛街时的战斗力："女人为什么这么喜欢逛街，这么喜欢'买买买'？"

我想可能是因为女人天生就对精致美好的东西有很强的感知能力，那些美好的东西可以很实用，也可以承载很多秘密和心机。女人天生喜欢追求一切没有到手的东西，争取一切能够拥有的东西。

现代女性比以往任何时候都承受更大的压力：夫妻关系、工作压力、人际冲突、工作和生育的矛盾等。通过消费购物，女人能够适当缓解部分压力，但千万不要因为过度消费，给自己带来更多压力，否则就会事与愿违。

追求美丽的事物是每个人的天性。然而，女人容易在追求美的过程中陷入消费误区，使一件原本美好的事情因为贪婪而变质。最可怕的事情是，我们看到的并不是一个美丽动人的女子，而是一个身上挂满名牌物品的衣帽架。

女人为什么爱买包

天生对美丽有着向往的女人们不难发现，女明星不论是出席活动，参加时装周，还是在机场摆拍，都少不了包包的点缀，很多女明星更是被外界冠以"买包达人"的称号。

其实，爱买包不仅是女明星的专利，其他行业的女人也大都如此。对于女性来讲，背着大牌包包挤公交的大有人在，花光自己几个月积蓄去买一个名牌包包也不足为奇。尽管多数男性会觉得女人的这一行为匪夷所思，太过疯狂，然而为了讨好自己的女人，男人们也不得不遵循"'包'治百病""没有什么是一个包解决不了的"这些"优秀男朋友守则"。

那么，女人到底为何如此爱买包呢？

对此，进化心理学家通过研究认为，女人爱买包是一种天性，一种本能，是有历史原因的。原始社会时期，女性的主要分工是采集，在采集物品的过程中就需要盛放采集物的箩筐。所以，每当出门时，女人总是习惯带上一个方便盛放物品的篮子。演化到今天，当初那个盛放物品的篮子就变成了如今女人出门必备的包包。

在日常生活中，女人想要买包包的理由简直如同天上的繁星，张口就能说出若干条。

这周新买了一条红色的裙子，当然得买个同色系的包包来配。

家里还有一双闲置的裸色鞋子，一直觉得死气沉沉的，买了亮色的包包一搭，可能就会好很多。

冬天来了，总要买个磨砂材质的复古包吧？冬天走了，总不能还让我背复古包吧？

这个包包上有兔斯基呀，简直是"卖萌"神器。

别人都有这款包，就我没有。

时尚杂志上讲了，亮色的包包配卡其色风衣是今年的流行趋势。

今天心情不好，买个包安慰一下自己吧；明天心情很好，买个包来奖励一下自己吧。

一个包怎么够呢？通勤、约会、逛街、晚宴，总之每种场合都要各备一个包包。

英国《每日邮报》对女性最爱购买的物品进行了调查，结果显示，包包位居榜首。虽然珠宝、首饰、帽子、围巾和包包一样，同为女性经常使用的配饰，但为何单单只有包包更受女性青睐呢？

首先，包包兼具美观性与实用性。女人出门总需要随身携带很多小物品，包包作为具有收纳功能的配饰，几乎成了女人出门必备的一种刚性需求。其次，包包更具"吸睛"功能。包包位于全身最中心的位置，一个美观的包包能够给人眼前一亮的感觉。因此，包包会在女人的各类配饰中脱颖而出。

最后，从深层次的角度来讲，包包可以在最短的时间内展示一个女人的品位与个性、审美与风格，在很大程度上也成了女人身份的象征。所以，女人想通过漂亮的或者名牌的包包去显示或证明自己的品位和个性，并把买包看作是对自己气质与风格的投资，从而，包包就成了女人不懈的追求和向往。

为什么女人的衣柜里永远少一件衣服

香奈儿说："我们不住在房子里，我们住在自己的衣服里。"

女人的衣柜里永远都少一件衣服，而这件正好是你每次去商场"血拼"时看中的那件。女人对衣服都是一边喜新厌旧地舍弃，一边锲而不舍地追求。

我想每个女人都经历过这种时刻：因为买了一件风衣，所以需要再买一条裤子搭配它，买了裤子又需要再买靴子……

那么，为什么女人总说自己没衣服穿呢？

1. 满足自恋心理

每个人都有自恋心理，适当的自恋可以满足我们的自尊心和自信心。现在社会给予女人的压力很大，买衣服能给我们带来满足感。不同风格的衣服，可以让我们看到不一样的自己，时而潇洒，时而妩媚动人，时而清纯活泼。买衣服会被当成是对自己好一点的借口，即使买回去不穿，也要放在衣橱里欣赏。

2. 补偿心理

有些女性因为小的时候没有穿过那么多新衣服，所以在长大了且有经济能力之后，只要看见漂亮衣服，就要买回来，从而弥补小时候的遗憾。

3. 享受赞美

买衣服的过程中，女人总会听到售货员的赞美："亲爱的，你身材真好。""这件衣服简直就是为你设计的，太好看了。"当听到这些赞美时，不少女人都会决定掏腰包了吧。

合理的购买行为可以使我们的内心得到安抚，使我们的坏情绪得到发泄，但此举也有弊端。疯狂购买后，很多衣物都被闲置在衣橱里，不仅浪费了自己的钱，还浪费了社会资源，或者因为冲动买了自己并不需要的衣服，为此我们后悔不已。

爱美是天性，展示美是女人的天职，但一定要适度。

这个东西不实用，你也用不到

前些日子踢踢约我周末出去逛街，出门前她专门提醒我，要我在她冲动购物的时候一定要及时、坚定地拦住她。

我问："怎么了？你这个'资深剁手买家'决定隐退，痛改前非，回头是岸了？"

她叹了口气。

然后，她给我发了一大堆闲置物品的图片，跟我解释说，这些"小可爱"都是她搬家的时候舍弃的。她丢掉它们的时候心如刀割、万分不舍，只好给它们每个都拍下照片，假装它们从未离开，也稍稍减少她心中的负罪感。

女人在买东西的时候总能找到一大堆理由把心爱的物品买回家，直到回家后才发现这些物品绝大部分的实用性几乎为零。

余小姐在商场里看到一顶价格不菲的大檐帽，她试戴了之后就摘不下来了。她觉得大檐帽简直就是女人的福利，夏能防晒，冬能挡风，而且戴上之后太有女人味了，走到哪里都是人生的秀场啊。但是买回家之后，她只戴了一次就闲置了，原因很简单：它是真的好看，但是根本没法戴出去。戴着它很麻烦，遮着眼睛看不见路，挤车时面积太大总是被人碰掉；不可能一直戴着它，摘下来后只能把它拿在手上，毕竟没有能放进它的包包。

最悲伤的是南宫小姐，在商场闲逛的时候看到了耳机分线器，于是对未来展开了美好憧憬。她想着以后和心爱的人一人一只耳机，或惬意地躺在沙发上，或亲密地挽着手走在林间小路上，多么温馨有爱啊！然而，耳机分线器已经买了三年了，她至今都没有找到男朋友。

但凡女人都有几件没什么用但弃之可惜的物件。买的时候，她们很容易就能找出千百个理由，以满足自己的欲望。

女人天生是购物狂，而且特别爱买没用的东西，就像茉莉所说的："我买过几条漂亮的披肩，明知没机会戴，平常上班到处跑，下班回家买菜做饭，那东西拉拉扯扯的，既与环境不协调，自己又不方便，但就是想买。"

既然如此，那为什么女人还会买当下没用的东西呢？

"可能在什么场合我能用到。"

这是每个女人买东西时都有的想法，然而那个可能的场合一直没来到，就算是来到了，你也只能从成堆的闲置物中找出一两件来用。

所以，当踢踢站在一件商品面前挪不动脚的时候，她用寻求认可的眼神望着我说："你看，这个东西很可爱也很实用，万一用得到呢，对吧？"

我微笑着回答："这个东西对你来说不实用，你也用不到。"

打折，只是商家促销的一种手段

现在商家除了在各种节日打折促销，还自己创造出一些打折节日，诸如"双11""6·18"，甚至还引进了外国的"黑色星期五"。可见，商家为了掏空我们的口袋简直费尽了心思。

女人总是觉得打折的商品"买到就是赚到，不买就是吃亏"，其实，她们之所以觉得赚到了，很大程度上是因为她们买到了比预期价格低很多的商品，而低于预期的价格就是她们认为赚到的金额。

懒懒天生丽质，又擅长打扮，总是光鲜亮丽地出现在人前。她兴趣广泛，情商极高，能力又强，年纪轻轻就已经成为某家设计公司的一名管理人员，收入以年薪计。她还找了一个加利福尼亚大学毕业的高才生当老公，巧的是老公又是"高富帅"，高学历的"高富帅"……这个世界上真的有这种人，上帝慷慨地给她开了门，还敞亮地给她开了窗。

好在上帝还是有分寸的，懒懒也不是十全十美的，她是一个购物强迫症患者。

虽说女人天生是购物狂，但懒懒明显"狂"得有点过了，更奇怪的是她特别青睐打折商品，对打折商品没有一点免疫力。

懒懒一踏进购物中心就迷失了自我，她不停地购买亮闪闪的打折商品。因此，她的信用卡永远入不敷出。

同其他女人一样，懒懒在购物时有自己的一套计算方法。

女人在买东西的时候，都希望可以买到物美价廉的商品，除去商品质量这个因素，每个女人都希望自己买的东西越便宜越好。所以，作为女人，在选购商品的时候，我们首先着重考虑和最在乎的因素就是商品价格的高低和折扣的大小。有许多商品卖得好、销得快，正是因为它们满足了我们的普遍要求，让我们得到最大化的消费者剩余。

心理学家曾提出"促销易感性"这个概念，用来形容一个人到底有多热爱打折。从消费者心理学的角度分析，当人们购买打折商品时，会产生"赚到了"的感觉，但如果这时不买，打折过后，人们会产生"失去感"，这种失去感要比透支时的"肉痛感"更痛苦。促销易感性高的人在"促销""打折"面前几乎没有免疫力，不论促销商品自己是否需要，都会引起他们的冲动消费。

调查研究表明，促销易感性高的人追求的并不是价格最低的商品，而是原价很高但折扣很低的商品，这时，他们"赚到了"的感觉最强烈，作为消费者的心情也最愉悦。所以当一个原价很高的商品遇到一个超低的折扣，确实是刺激人心的好手段，也是商家让这类人双手捧着钱送上的好方法。

看到打折促销，我们应该衡量一下这些物品我们是否用得到。如果用得到，那可以认为是赚了；如果用不到，把物品买回来就闲置一边，那么即使它只有一块钱，也是不划算的。

情绪调整：如何控制女人的购物欲

女人的购物欲源于什么心理

很多人认为，女人天生是购物狂，她们总是在"买买买"，几乎不需要任何理由。其实不然。一个人的购物行为与他的心理有着密切关联。女人也是如此。也就是说，女人的购物行为是她们心理活动的某些反映。下面我们就来分析一下女人的购物欲背后有着怎样的心理。

1. 追求快乐

购买行为能为女性消费者带来快乐，哪怕购买行为并不一定是必需品，她们只是单纯地享受花钱的快感而已。工作没做好被老板骂了，跟男朋友吵架了，上班路上被突然而来的雷阵雨淋了……这些烦躁的情绪，只有给自己买一件新物品，才能彻底消除。

如今，网购非常流行，网购还为女人增加了一种新的可使她们快乐的形式，那就是拆快递。每次拆开等待了几天的包裹时，女人就像在拆收到的生日礼物一样充满期待。所以有的电商甚至只售卖这种快乐，因为女人愿意花费一元钱买一个空的包裹，只为得到拆开快递瞬间的那种快乐。而且消费的金额不一，带给女性的快乐也不一样，给自己买一双棉拖跟买一双名牌鞋，当然是后者更能令女人开心。

2. 追求完美

不少女人都幻想着自己是穿着水晶鞋的灰姑娘，她们为了买心仪的衣服、包包，每个月从不多的口粮中节省出来一些钱，来满足自己的购买欲望。她们认为这种购物行为在包装自己的同时还可以取悦自己，女人穿上心爱的鞋子走到公司才发现原来家和公司的距离这么近。爱美之心，人皆有之，女人在爱美这件事上对自己的要求可谓是苛刻至极，她们始终坚信去年的衣服肯定配不上现在的自己。新的季节到了，她们根本就不用跟自己做什么斗争，当然是"买买买"了。

3. 弥补安全感

男人靠不住，女人一定要自立。自立当然要"丰满"自己的腰包，腰包用来干什么？当然是"买买买"了。从生存的角度来说，安全感主要来自于自己的衣食住行能得到保障。冰箱里塞满食物，衣柜里塞满衣服，在一定程度上也会给女人安全感。所以，女人在缺乏安全感的时候会产生购物的欲望。有时候，人们看到喜欢的东西并不一定会买。但是一个缺乏安全感的人往往会有一种想法，那就是如果自己都不懂得疼自己，就别指望别人疼自己了。所以当看到喜欢的商品，女人购买的欲望会更加强烈。

4. 平衡情绪

弗洛伊德说，人的行为动机不外乎两个：一是性冲动；二是渴望伟大。女人疯狂购物的行为就是渴望伟大、实现自身价值的表现，而这个"渴望伟大""实现自身价值"就是女人情绪的一种体现。

女人的疯狂购物行为往往是为了平衡某种强烈或极端的情绪，且这类情绪多为不愉快的负面情绪。例如，生活压力、职场失利、感情受挫等都是女人疯狂购物行为的诱因。加上购物本来就是女人一贯热衷的活动，似乎自然而然地疯狂购物行为就成了她们平衡情绪、缓解压力、忘记痛苦的一种方式。

女人通过疯狂购物的行为来寻找存在感和价值感，在商场里漫无目的地"买买买"。这个时候的购物行为对她们来讲，已经脱离了购物的本来目的，只是在宣泄内心的情绪。而且，在负面情绪引发的购物行为中，女人通常更热衷于购买服饰，想借外表的光鲜来掩饰内心的失落，满足自己虚无的优越感与虚荣心，以此来寻求心理平衡。

合理购物是调节情绪的灵丹妙药

女人的衣柜里最不缺的就是衣服。

有时候穿得很出格，有时候穿得很大众，通常情况下，女人会为了配合环境和场合来决定自己的穿搭。

穿得不一样，心情也是不一样的。

如果我今天要去约会，想让约会对象看到我可爱的一面，我可能会穿上及膝的百褶裙，搭配低跟凉鞋，放下刘海，再梳一个丸子头。当走起路来裙摆飞扬时，我会觉得自己就是一个小公主，全世界都是我的。

如果我今天要去面试，那么我可能会选择正式的穿着。白衬衫、修身小西装，搭配黑色半身裙，可能更符合职场的审美，让我看起来更加干练、更有精神。

合宜的服饰会带给我们自信，而这种自信都是通过合理消费得到的。

心情低落的时候，一朵花、一盒巧克力、一枚戒指、一个玩偶都能帮女人治愈失落，收获好心情。如果一个小物件就能让我们收获幸福感，那我们有什么理由不买下它呢？

女人通常喜欢用外界的关注来证明自己的价值。穿不好看的衣服出门，女人会觉得生活乏味、工作枯燥，感觉自己整个人都不在状态。买一件新衣服，买的时候和刚开始穿的时候，女人总是最开心的。

我们总是在扮演想象中的自己，扮演能够让我们满足、让我们得到憧憬的快乐。但是，重点在于扮演这个动词必须由"买买买"来支撑。

这就好比你买了一条经典小黑裙，模特穿在身上无比性感，于是你开始幻想自己把小黑裙穿在身上的样子。奈何尺码太小，但是没关系，你可以留着激励自己减肥，激励自己瘦身成功。

在广告牌上看到运动达人扎着马尾辫，举着哑铃，做出随意的造型，我们觉得运动达人简直太健康、太阳光了，因此当即买了一罐蛋白粉，以为吃了就能长出肌肉。我们每天抱着罐子幻想自己拥有马甲线的样子，做梦都会笑醒。逛商场看到新款小羊皮包，我们想象着自己挎着包包出现在闺密聚会上，被闺密们拥簇着夸赞羡慕的情景，即使未来几个月只能"吃土"也值啊。而且虽然包包的价格贵是贵了点，但是经典款，传给孙女辈依然不过时，划算极了。所以，女人"买买买"的理由成千上万，但归根究底是为了让自己向着理想中的自己更进一步，就是这一步，带给女人的身心愉悦感是不可比拟的。

"消费使人快乐"虽然只是一句常被拿来调侃的网络流行语，但其实这种观点是有科学依据的。从生物学的角度来讲，通过购物拥有或即将拥有新物品的过程，会激活人的大脑中枢神经系统，刺激多巴胺的分泌，从而使人产生兴奋、喜悦等情绪。

随着生活节奏越来越快，生活压力也不断增加，人们在现实生活中也越来越缺少目标与乐趣。所以，人们会对能够给自己带来快乐的事物产生兴趣。因此，当女人觉得购物可以带来快乐时，自然会越购物越上瘾了。

适当的购买行为确实可以让我们开心，但万事都要有节制，只有知道自己想要什么、自己需要什么的人，才能过得更幸福。愿每个女孩都可以幸福一生，优雅到老。

理性消费的锦囊妙计

在产生购物欲望的时候，我们首先应该明确一个道理：没有任何一件商品能够彻底改变我们的生活模式，我们和走在时尚前沿的人的差距绝不在一件昂贵的商品上。想通了这一点，理性消费就有了一个好的开端。

1. 制定购物清单，合理消费

商场里琳琅满目的各类商品，像是无数个朝我们招手的小精灵，吸引着我们的眼球，刺激着我们的消费欲望。因此，我们在逛街时总会购买许多并不需要的商品。这个时候，我们需要一张购物清单来节制自己的消费行为。

在每次消费前列出清单，绝不买清单以外的东西，这样可以使我们清晰地知道自己真正需要的商品是什么，也可以使我们更清楚地了解自己的钱究竟花在了哪里。

2. 先思考，后消费

如今，不仅到品类丰富的商场和大卖场购物是我们冲动消费的"隐患"，网购的不断发展也无时无刻不在刺激着我们的消费欲望。商品销售形式的多样性固然使得消费者能更好、更快地买到高品质的商品，但前提是我们能够节制自己，理性消费。

购买前先思考，是网购时代控制自己消费行为的一个有效方法。当我们点击"购买"选项或输入支付密码之前，不妨先停顿一下，在心里问问自己："这件衣服，模特穿上确实很漂亮，我穿上也会是一样的效果吗？""这双鞋子买回家用什么衣服搭，是不是明年就不流行这个款式了呢？"诸如此类的思考，可以帮我们恢复理智，避免冲动消费。

3. 不要为了消磨时间而去购物

购物似乎是女人闲暇时间休闲娱乐、放松自己、消磨时间的不二选择。如果利用空闲时间选购、添置生活所需，自然无可厚非，但若是为了消磨时间去购物，那么我们应该有更多、更好的选择。看书，健身，报班学习，不断充实自己，都好过我们在商场里漫无目地闲逛，或是一直在电商平台上浏览页面到视觉疲乏。

此外，在空闲时间整理自己的物品是一个非常好的选择。如此一来，我们不仅在闲暇时间里不会觉得无聊，还可以改善我们的生活环境，发现可用的闲置，减少浪费，可谓一举多得。

4. 小心商家的折扣陷阱

商家的促销活动可以让我们买回自己平时舍不得买或支付不起的心仪商品，这其中的诱惑力也就不言而喻了。同时，倘若真的买了，往往就走进了商家的促销陷阱之中。

打折其实就是商家促进商品销售的一种手段，作为消费者，我们要理智对待，不要盲目追求低价。我们认为打折商品"物超所值"，其实商家仍有较高的利益可赚，尤其是对于降价幅度很大的商品，我们更要多留一个心眼，以免掏空了自己钱包，充实了他人腰包。

摆脱强迫性购物欲

我们正生活在一个被快速消费环绕的时代，信用卡、手机支付等现代支付手段更是层出不穷，时时刻刻都在刺激我们抵抗力薄弱的购买神经。因此，有人说，如今只需要一台电脑、一部手机，足不出户，我们就可以让自己倾家荡产。

缘何如此呢？这是因为电子支付伴随着网购的发展而不断发展，这样的支付手段似乎让我们对货币产生了虚拟化的错觉，花钱成了账户余额数字的变化，无形中让我们的购物行为愈发失控。而信用卡、电子支付端推出的"透支"性质的支付手段更使得我们强迫性购物欲进一步加剧。 在这样的购买环境下，许多强迫购物症患者经常买到债台高筑，依然无法收手。

那么，强迫购物症患者有怎样的行为特征和表现呢？通常，购物前精神紧张焦躁，购物时负面情绪得到缓解和释放，获得短暂的喜悦，购物后又后悔、失望于自己紊乱的购物行为，但却不会改正，而是继续甚至更强烈地疯狂购物。生活在这个怪圈的人，就是我们所谓的强迫购物症患者。

有人通过调查分析，总结出了强迫性购物症患者的五个非标准化判断依据：第一，消费力度超出自己的支付能力；第二，经常购买暂时不用的商品，囤积一些不必要的物品；第三，网购的过程很快乐，一旦东西送到了也就闲置不问了；第四，不网购会觉得很难耐，有心神不安的感觉；第五，网购时情绪亢奋，过后就会抱怨，生活没有乐趣，经常苦闷彷徨。

对比以上判断依据，当你发现自己已经有强迫性购物的问题时，应该怎么办？

首先，正视并理解自己的行为。从心理学的角度来说，强迫性购物行为是一个人内心焦虑等情绪引发的人体代谢水平紊乱，从而使人失去理智和正常认知，导致强迫性购物的出现。也就是说，强迫性购物行为能使人在购买且拥有新物品的过程中获得快感，使人变得兴奋。这也再次证明"消费使人快乐"是有一定科学依据的。所以，承认自己是强迫购物症患者并不丢人。

其次，寻找深层次的购物心理：不成熟的消费心理。心理学认为，触发强迫性购买欲望的因素主要有两类：心理作用和负面情绪的影响。而占便宜心理、爱面子心理、攀比心理等都属于不成熟的消费心理，也是触发强迫性购物的重要原因。而内心失落、沮丧或深感压力等负面情绪也会导致不理智的购物行为，人们想借购物来平衡自己的情绪，缓解心中的压力。对于这一点，我们要认识到购物带来的快感只是一时的，理智对待问题才是根本之法。这样才能从根本上摆脱强迫性购物欲。

最后，通过各种切实行动，从根源上改变自己的不良购物习惯。比如，使用现金购物时，养成按时记账的习惯，并每天进行盘点；心情不好想购物时，提醒自己读书和健身能让自己更有内在修养和气质。总的来说，只要找对方法，切实行动起来，相信我们都可以摆脱强迫性购物欲的控制。

第七章

所有的嫉妒，都来源于不自信

人们对女人的嫉妒心理有着偏见，认为女人心胸狭隘、小肚鸡肠。嫉妒心越强越容易伤害自己和他人，但如果女人能够合理利用自己的嫉妒心，就可以拥有强烈的进取心。

情绪黑洞：嫉妒

每个女人都尝过嫉妒的滋味，尽管没有人愿意承认自己嫉妒别人。当女人不得不承认嫉妒的存在时，我们往往会用"羡慕"和"称赞"等词汇来矫饰内心的嫉妒。

让女人产生嫉妒心理的原因有很多，可能只是伴侣在朋友圈为一个漂亮女同事点了个赞；可能只是那天阳光太充足，闺密手上钻戒折射的光晃了你的眼睛；可能只是隔壁家的孩子期末考试比自己的孩子多考了一分……

安安是我的大学同学，也是我们系的"系花"。毕业没多久，她突然通知大家她要结婚了。同学们都很吃惊，没想到优秀、骄傲的安安会这么早步入婚姻的殿堂。参加安安婚礼的那天，我们看到了穿着笔挺的西装礼服的新郎，他是青年才俊，风度翩翩，安安全程流露着幸福的神情，两个人真可谓是郎才女貌。大家曾经的惊讶在那一刻都化为了由衷的祝福。婚后第二年，两个人迎来了小生命的降临。为此，安安辞去了工作，专心照顾宝宝。

老公帅气、有能力，宝宝健康又可爱，这使得安安成了大家羡慕的对象，大家都觉得她的生活是那样的幸福美满。然而，安安却不以为然，反而会因为朋友微博里上传了出国旅行的照片，闺密又买了新款的名牌包，曾经的大学室友交了一个"高富帅"男朋友等外界因素感到内心不平衡。安安的脾气开始变得暴躁易怒，像是随时可能要爆发的火山一样。她觉得自己的生活琐碎无趣，经常向老公抱怨，对老公发脾气。渐渐地，安安和她的老公在旁人艳羡的婚姻里都变得疲惫不堪。

显然，安安内心的不平衡正是源于嫉妒心理。心理学认为，女人的嫉妒心理往往是源于不自信，对现状的不满与不甘。安安就是一个典型的例子。嫉妒别人生活过得有滋有味，其实是因为自己的生活索然无味；嫉妒别人光鲜亮丽，其实是自卑，觉得自己不漂亮；嫉妒别人节节高升，事业发展得顺风顺水，其实是因为自己停步不前，难耐生活的挫折……

但正处于嫉妒中的女人自然意识不到自己这种心理的真正来源。她们被嫉妒心理所操控，言行变得不可预测，极具破坏性和攻击性，常常做出让人难以置信的冒失决断，甚至会不分场合地表现出歇斯底里的一面。

作为女人，倘若自身的嫉妒心理处理不当，很可能会引发极端情绪以及过激行为。所以，我们要了解嫉妒背后的真实诱因，学会运用健康、科学的方式及时排解自己的嫉妒情绪，多点风度和气度，让自己淡定从容地活成别人眼中最美的风景。

每个女人都有嫉妒情绪

天已经快要黑了，远处的彩霞渐渐褪色。三月份的北京，风很猛烈，它呼啸着敲打玻璃，不时发出怪异的声音，像是小孩正在低声哭泣，十分诡异。不过听多了，也就见怪不怪了。

公司大部分人都已经离开，只剩下南瓜和我。我是要加班赶工作进度，而南瓜我就不清楚了。

偌大的办公室里只有我敲击键盘的声音，周围弥漫着一种诡异的尴尬气氛。我决定主动打破这种气氛。

"怎么还不下班？老婆不让回家啊？"

我自以为讲了个很好笑的笑话，说完就径自笑了。

"嗯。"南瓜从鼻腔里哼出来一声。

笑声戛然而止。

最怕空气突然安静……

南瓜轻叹了一口气，忽然开口："你说女人都是这么喜怒无常的吗？前一秒还'老公'地叫着，后一秒就对你爱答不理了。我都不知道自己哪里招惹她了，想要道歉都无从下手。"

我停下手中的工作，试探性地问："不然，我替你分析分析？"

他毫不犹豫地点了点头。

"那你跟我讲讲，在她对你爱答不理之前，你们都说过什么、做过什么？"我问南瓜。

南瓜说："那天下班回家，她一进屋就嚷嚷着累，然后窝在客厅的沙发里一动不动。我看到就过去帮她捶捶背、捏捏腿。那个时候她还很高兴地说'还是老公好'……"

"说重点啊。"我听着直着急，催促他道。

"哦，"南瓜应了一声，接着说，"然后我老婆说，公司来了个新同事，长得很漂亮，肤白貌美大长腿，我老婆说，她要是个男人，她都想和那个女同事在一起。那个女同事刚来就坐上了设计部总监的位置，听公司里的人说她是老板的情人，我老婆说，看那个样子多半是真的。然后我说：'你不能听别人胡说八道，长得好看又有能力的女性也很多，比如……'"

我打断他："问题就出在这里。"

"啊，我这句话有什么问题？"南瓜惊讶地瞪大了眼睛。

"首先，你批评了她，你说她听别人胡说八道；其次，你肯定了别的女人，还是你老婆觉得比自己好看的女人。"

"我没有啊，我只是……"南瓜急忙辩驳。

"你不用解释，在女人听来就是这个意思，本身女人对比自己长得好看的女人就会有嫉妒心理，你这是火上浇油啊。"

南瓜很吃惊："啊，可是我并没有这个意思啊。在我眼里，我老婆才最好看啊，善良又贤惠，做饭还很好吃……"

我扑哧一声笑了出来："哈哈，这些话留着跟你老婆说去。"

南瓜尴尬地笑了笑："谢谢你，我得回家了，再晚一点儿估计我老婆会更生气。"

"你还挺机灵的嘛，快回去吧。"我冲他摆摆手。

女人的嫉妒心真的是挺可怕的，她们尤其喜欢对漂亮的女人产生嫉妒心理。在很多女人眼里，只要是比她们漂亮的女人都是空花瓶。

其实漂亮的女人有什么罪呢？有罪的是对美丽衍生出来的疯狂嫉妒

心理。

　　女人对女人的嫉妒几乎是绝对的。有些人藏在心里，有些人表现出来。

　　其实，相由心生，心灵美好的人，即使长相一般，也让人觉得很漂亮。无休止地嫉妒别人，即使藏在心里，时间久了也都会显现在脸上，让人避之不及。

红颜知己带来的危机感

最近，我在网上看到一个很火的帖子，讲的是一对情侣吵架，女孩不能接受自己男朋友有红颜知己。男孩觉得很无辜，因为他与这个异性朋友没有任何亲密接触，只是比较聊得来，却还是被女朋友下了禁令，不许他再和这个女性朋友有任何牵连。

网友们立刻依性别分成了两个阵营，大部分女性支持女孩的做法，认为男朋友有交往过密的异性朋友是对爱情不忠；很多男性则认为与异性朋友有所往来实属正常，女友的要求蛮横无理。

所谓与男人交往过密的异性朋友，指的就是红颜知己。有人是这样定义红颜知己的："一个与你在精神上独立、灵魂上平等，并能够达成深刻共鸣的女性朋友。"

红颜知己被认为是不同于爱情、友情、亲情的第四类感情，之所以定义为第四类感情是因为糅杂了多种情感，不能将它纯粹地定义为某一种只能独立存在的情感。

如果说是爱情，总觉得缺一点异性相吸的情愫；如果说是友情，又比一般的朋友多了一些亲昵和默契；如果说是亲情，没有血缘上的关联，也没有道德上的桎梏。

那么，这种不咸不淡、不痛不痒、不明不白的情感只能界定为红颜知己了，而红颜知己在爱情里就是一种让人难以释怀的存在。

出于好奇，我将这个问题抛给了我身边的女性朋友，我想知道她们对于红颜知己是怎样的态度，于是便有了以下言论。

喵喵说："我绝对不能允许我老公有红颜知己，红颜知己对我来说就是行走的'绿帽子'，就算有什么话不方便对我说，他还可以和哥们说、和父母说啊。整出一个红颜知己来，这明显就是想要红杏出墙啊！"

芒果说："我的嫉妒心强到连自己都害怕，男朋友和异性说一句话，我心里都会别扭好久。要是真有一个红颜知己，那绝对是在搞事情，红颜知己的存在会让我很有挫败感。你如果真的跟她投缘、聊得来的话，那就属于精神出轨，精神一旦出了轨，身体出轨就是早晚的事。"

红果说："红颜是什么？古人说得好，红颜是祸水啊。如果他真的觉得自己必须培养一个红颜知己深入交心，那我一定会换个男朋友的。"

其实，我十分理解女性对于红颜知己的敌意和防范意识，红颜知己说白了就是一种友人以上、恋人未满的状态。

像红颜知己这样的第四种关系是否危险，的确没有绝对的答案，但它的危险与否取决于这位红颜，而不是红颜身边的男人。

更何况女人大都是醋坛子，现代女性相对独立，对于男性的要求也逐渐从物质向精神转移，她们更看重男人是否能给自己带来安全感。和前女友纠缠不清的，不要；和女同事搞办公室暧昧的，不要；和小姑娘玩兄妹情的，不要。

爱情和婚姻的城池，需要用智慧去守卫，越是兵临城下，越要镇定理智。虽然人们常说，眼泪是女人最好的武器，但总是哭哭啼啼的女人终归会让人生厌。嫉妒的眼泪以及女人过分嫉妒的行为也是女人最需要忌讳的情绪之一，它会让男人看轻你，导致你们之间的感情最终被消耗殆尽。

请毫不犹豫地远离嫉妒心强的人

我拉黑了自己的闺密。以这句话作为文章的开头，使我的心在这个温暖的季节里生出了一丝寒意。

我无比庆幸这句话不是我说的，而是我的一位读者——小白说的。

小白有一个情同手足的朋友依依，她们从小一起过家家，长大一起议论帅哥。虽然她们长大之后的发展轨迹完全不同，但因为在同一个城市工作，所以一直联系热络。

可是小白仔细回忆这几年，依依在这段友谊里扮演的角色充满了负能量，她自己的生活寡淡无味，也不愿意看到小白的生活有什么精彩的改变。不管小白在生活里做出怎样的选择，她总是在一旁打击小白。

当小白有点厌倦当下的工作，想要找一份薪酬和技术含量都更高的工作时，依依总会不以为然地说："你除了做现在的这份工作还会什么呀！"

当小白想要找一个离公司近、环境好一些的房子时，依依不知是出于担忧还是什么心理，对小白说："你可真有钱，换了个那么贵的房子，可还是租别人的房子，你也买一套呗……"

当小白觉得自己的活力与灵气快要被这座四线小城市磨光而准备到大城市去奋斗时，依依的语气里是掩饰不住的鄙夷："大城市生活节奏那么快，压力那么大，你在那边生活不下去，早晚还是要回来的。"

小白有一阵因为工作繁忙，一直吃速食食品，体重也一路飙升。依依看到之后，毫不掩饰地嘲笑小白："你看你都快胖成维尼熊了，本来脸就大。别人都是越累越瘦，看来你还是不累。"

之前知乎上有一个热议话题："你心直口快的朋友真的只是性子直吗？"对此我不予置评，毕竟经历不同，感悟不同。

小白说："毕业那天晚上，就在校门口的大排档，我和依依一来一往地大口灌着啤酒。我哭着说青春易逝、物是人非的胡话，之后我拉着她的手说'好歹咱们俩还在一起呢'。她也哭了，她说'咱们会永远在一起的'。那时候的眼泪是真的，我知道。

"毕业之后，我找不到工作又不好意思再'啃老'，就跟影片《失恋33天》里的情节一样，一包方便面我能分三顿吃，连水煮肉片里的辣椒，我都能当一顿饭吃。那时候我天天跟在依依屁股后面蹭饭吃，她说她养我一辈子都行。那时候的感情也是真的，我知道。

"我曾经把她当作我最好的朋友，是我一生都不愿意割舍的存在。我无比羡慕她生活的安稳与富足，我不断地鞭答自己追赶上她的脚步，只有当我们实力相当的时候，我们才可以携手共进。

"可是当我的生活真的慢慢变得好起来时，她却换成了另一种姿态，警觉而紧张，不愿意再做我的支持者。从很多次不愉快的对话里，我渐渐从她的话里读出了另一种声音：'我希望你过得好，但是千万不要比我好。'

"久而久之，我不再和她商讨生活中所做的每一个决定，因为我知道，我的任何决定和改变都将面临那双批判的眼睛。和她在一起我感觉很压抑，我只能小心翼翼地向她展现不好的状态。因为我怕她藏在身后的那盆冷水，会毫不留情地朝我的头顶泼下来，熄灭我心中最后那点燃烧着的火焰与激情。

"如此种种，终于给我们的友谊画上了句号。"

小白哭着说："拉黑了我的闺密，从此我的世界清净了，但我心里总有一种挥之不去的愧疚感。"

我告诉小白，如果我是她，我也会这么做。

不要让嫉妒毁了你的爱情

那是一个暖暖的午后，咖啡店里放着舒缓的音乐，我和妙妙分别坐在桌子两边，桌上的拿铁内敛似茶，抿一口，浓而不稠，香而微苦。

妙妙将头转向窗外，开始诉说她的故事。

妙妙说，她和杨公子认识八年，在一起一个月，分手却只用了不到一个小时。

和喜欢的人在一起的时候，这个世界真是无与伦比的美好，看到陌生人都想要给予微笑与善意。

杨公子是她暗恋了八年的人，就算是在汹涌的人群中她也能一眼就找出他。他是她夜里辗转反侧的原因，是她努力上进的动力。他身上的味道，他喜欢穿的衣服的牌子，他几点会在哪间教室，会坐在哪个位子上自习，他痴迷的网游、扮演的角色，他又和哪个女同学说了话，都是她积压在心底却不肯说出口的秘密。

妙妙说，她从来没有被这样吸引过，可当时的她年少骄傲，又无法承受可能被拒绝的落寞。他们始终是不远不近的朋友关系。她不说，他也就不知道，或者是假装不知道。

直到有一天妙妙在校园里远远地看见他和一个姑娘并肩而行。那姑娘长得很漂亮，眼神里有种说不出的灵动。视线已经对上了，她无处可逃，嫉妒在心里像初春的青草一样疯长。她强压住心底的酸意，走上前去若无其事地和他打招呼。

妙妙笑着问他："你女朋友啊，不介绍一下吗？"

他只是静静地笑着，不做任何回应，反而是他的女朋友落落大方地向妙妙伸出手，说："你好，我叫关瑞，朋友们都叫我小五。如果不介意的话，你也可以叫我小五。"

妙妙维持着脸上的假笑，和她握手表示友好。

为了试图冲淡对杨公子的迷恋，妙妙接受了别人的追求，也开始心不在焉地谈起了恋爱。

后来大学毕业了，妙妙进入了感情空窗期，杨公子也和小五分手了。

再后来妙妙和杨公子在一起了，她不禁感慨上天终归待自己不薄，还是将她心之所向的那个人带到了自己的身边。可是热情就如同一阵龙卷风，来得快去得也快。慢慢地，他们聊天的内容变得很生硬，在寻遍所有话题之后，他们再也无话可说。

现实有时候比影视剧还精彩，很快妙妙就"出局"了。

原因是妙妙看到杨公子跟前女友在微信上聊天，之后她哭闹着说了分手，但她其实就是想吓唬吓唬他。而杨公子只是一直说事情和她想的不一样，之后就闷头待在那里。现在她才了解到他当时可能真的对前女友没有任何其他想法。但她那时只是觉得可笑，她感觉自己给他们提供了一次免费检验感情的机会，并感觉被生活戏弄了，那种感觉就像圣诞老人把我们最爱的巧克力送到我们的手里，我们正捧着傻笑时，他一个转身告诉你发错了。

她开始每天哭闹，一直到她和他都筋疲力尽，他开始慢慢推迟回家的时间。终于有一天，他对妙妙说："我们分手吧。"她知道再怎么挽留也留不住他了，于是她选择了放手。

后来，每逢节假日，妙妙还是会收到他发来的祝福短信，看着他的头像，她的心绪依然暗涌，但她再也不会心潮澎湃到开心一整天了。

　　时间又过了一年，妙妙在电话里略带酸楚地对我说："听说他跟前女友复合了，他们现在很好。我感觉，我自己主动把他让给了她。"

　　我们都高估了对方的接受能力，嫉妒并不是真爱的最好证明，它只会让相爱的两个人筋疲力尽，最终沦为最熟悉的陌生人。

情绪整理：嫉妒心的正确打开方式

正面解析嫉妒情绪

嫉妒几乎是每个人都有过的情绪，尽管很多人都不愿意承认自己嫉妒别人，但不承认并不代表它真的不存在，我们都免不了会陷入嫉妒别人的情绪当中。有学者认为，嫉妒存在于我们的基因之中，伴随着人类的进化史代代相传，成为人性的一部分。而且，嫉妒具有两面性，处理得当可以促使我们进步。因此，我们不需要躲避嫉妒情绪，正面应对才是明智的选择。

嫉妒的表现形式多种多样，当内心萌生嫉妒情绪时，有的人会歇斯底里地宣泄，有的人则会压抑自己，闭口不提，或对心中的嫉妒心理进行矫饰。这种现象与产生嫉妒情绪的主体的差异有关，也与嫉妒情绪本身的属性有关。

心理学认为，嫉妒实际上是一种复合情绪，混合了因道德上的不安而产生的愤怒情绪、因强烈的丧失感而产生的悲痛情绪、因物质上的不足而产生的羞耻情绪，通常还伴随着某种程度的怨恨、敌视等情绪。在这种混合情绪里，以嫉妒情感最为突出和强烈，其爆发的同时又会引发其他情绪。因为每个人的嫉妒情绪里可能夹杂着不同的其他情感，因此，每个人在嫉妒时的表现也会有所不同。

　　嫉妒不仅在表现形式上有差异，它的程度也会因情节发展的不同而不同。以男女感情为例，从我们察觉亲密关系产生裂缝时感到的紧张不安，到发现另一半开始变得冷漠、疏远时的伤心和气愤，再到我们确认自己被背叛后的怒火中烧，最后到嫉妒肆意疯狂滋长，甚至由此引发仇恨心理以及报复心理。

　　心理学家还发现，我们嫉妒的对象通常是我们身边的、和我们有关联的、各方面差距都不是很大的一类人。我们会嫉妒业绩高于我们的同事，会嫉妒搬新家的邻居，却不会嫉妒世界首富，因为首富可能是我们穷其一生也无法企及的存在。

　　我们往往不愿意为自己的嫉妒情绪埋单，而是会找各种理由来为自己开脱，通常会把责任转嫁给别人。例如，处于嫉妒情绪中时，我们可能会想："如果不是他刺激我，我怎么可能会情绪失控？"而这种抱怨别人的行为无疑会使情况往更坏的方向发展。因此，我们要正视嫉妒情绪以及它产生的真正原因。

　　嫉妒之心，人皆有之，它是一把双刃剑，关键在于我们如何利用它。比如，看到别人混得风生水起，日子过得有滋有味，我们因此对他人产生了嫉妒心理，这时，我们不应被嫉妒冲昏头脑，将对方视为仇敌，甚至诋毁、中伤他人，而是应该以此作为自己努力进取的动力，创造属于自己的美好生活。如此一来，嫉妒情绪就成了正向的能量，使我们成为更好的自己。

练习正视嫉妒情绪

理论与实践之间永远存在着距离，可能我们都明白过分嫉妒别人的危害，也知道应该正视自己的嫉妒情绪，可当强烈的嫉妒心爆发时，我们又会不可抑制地被其操控。因此，我们需要通过一些恰当的方式来培养正视嫉妒情绪的能力。

对一些特定的问题进行自我问答，可以帮助我们了解自己的嫉妒心理，培养正视嫉妒情绪的能力。以下针对嫉妒情绪列举了一些问题，供大家回答。在回答问题之前，请认真阅读题目，努力做到客观、全面地回答。如果能将自己的答案转换成文字记录下来，效果就会更佳。

1. 长时间不见的闺密变漂亮了，你是开心比较多还是不开心比较多？

2. 你经历过背叛和离弃吗？除了伤痛，你从中学到了什么？

3. 你说的"凭什么"，是对自身能力不足的不甘还是对境遇运气不佳的不甘？

4. 当你被嫉妒彻底控制的时候，你曾经做过哪些让自己追悔莫及的事？

5. 你是否曾恶意诋毁过你的嫉妒对象？如果有，事后你对此有没有感到过一点歉意？

6. 你是否仇视过你的嫉妒对象？你有过报复或伤害他的念头吗？

7. 嫉妒让你得到了什么，又失去了什么？

8. 你会用哪些方式来掩饰自己的嫉妒情绪？

9. 你是否会因嫉妒而深深苦恼或深感羞愧？

10. 你是如何疏导自己的嫉妒情绪的？

11. 你是否为了根除嫉妒情绪而做过努力？如果做过，你成功了吗？

作答完毕之后，请整理自己的思绪，回顾自己作答时的思考过程，总结自己从中的收获，同样可以文字的方式记录自己在这一过程中的心路历程。

正视自己的嫉妒情绪说起来容易，做起来却不易。正视嫉妒情绪，意味着我们可能要在一定程度上否定自己，并承认自己曾经的错误。此外，在正视自己嫉妒情绪的过程中，势必会再次回想起曾经的不愉快经历，亲手揭开伤疤示人，对于我们来说也是需要勇气和定力的。

但是如果与嫉妒保持距离，不去检视它，而是任由嫉妒情绪肆意发展，那么我们冒的风险以及可能受到的伤害就会远大于正视它。所以，我们要勇敢地迈出第一步，相信经过我们不断的努力与练习，一定能够使我们走出嫉妒的怪圈，远离失控的泥沼。

追溯嫉妒情绪的根源，对症下药

　　嫉妒情绪的产生可能是由于被我们嫉妒的对象身上具有某些特质，正好这些特质是我们求之不得的存在。

　　心理学认为，女人嫉妒情绪的触发本质上是源于对自己的不自信，而女人不自信引发的嫉妒情绪的呈现形式又有所不同。

1. 攀比心理衍生的嫉妒情绪

　　女人爱攀比，攀比得多了自然就会生出嫉妒心来。因此不要把别人的改变当作比较的标杆，要以原来的自己为标准来衡量自己进步的幅度。

　　这点说起来容易做起来难。因为和别人比较的习惯由来已久，我们从小就认识一些令我们"深恶痛疾"的人，那就是父母口中的"别人家的孩子"。这些"别人家的孩子"不仅长得漂亮（帅气），先天优势占全，还乖巧懂事，能文能武，一点活路也不给我们这些资质平平的普通孩子留。从此，在父母的助攻下，别人家的孩子就成了激励我们前进的动力，但也让我们养成了喜欢和别人比较的习惯。

　　其实，正确激励我们前进的方式是和自己比较，而不是与别人攀比。我们应该将注视他人的目光移回到自己身上，更多关注自己的改变和发展，哪怕是自己一点小小的进步，我们都应为之欣喜、振奋，继而争取更大的进步。这样做，我们终将会过上别人艳羡的生活。

2. 自卑心理衍生的嫉妒情绪

自卑心理是滋长嫉妒情绪最好的土壤，因此让自己拥有恰当的自信心便是从根本上克服嫉妒情绪的一个好方法。

研究发现，很多人不自信的心理和行为模式是基因和早年家庭环境塑造的，而且这种性格一旦养成，便很难发生本质上的改变。但很难改变并不意味着无法改变，只要我们付出决心与耐心，认真经营自己，是可以重拾自信的。

培养自信的第一步就是重视自己，告诉自己"你可以，你值得拥有"。我们之所以不自信，是因为我们总是认为自己不行、不会、不优秀，我们被自己不恰当的认知所束缚，什么都不敢去尝试，因而只能止步不前，甚至会因为别人都在进步而呈现退步状态。所以，我们要突破自我，勇敢尝试一些以前想做而不敢做或是做过却没做到的事情，勇敢去追求被自己压抑在内心的愿望，让自己在实践的过程中重新审视自己，发现自己的潜能，认可自己的能力，让自己变得更自信。

3. 耻辱心理衍生的嫉妒情绪

耻辱心理常常也是嫉妒情绪的诱因。当我们无法得到内心渴求的东西或达不到自己内心的愿望时，会产生深深的无力感、无助感及失落感，当我们看到别人得到了我们渴求的东西，做成了我们没做成的事时，内心会因愤恨自己无能而产生耻辱心理，进而激发强烈的嫉妒情绪。

要想解决因耻辱心理而产生的嫉妒情绪问题，最重要的就是调整自己的心态。首先，我们应该着眼于自己已经拥有的幸福，不要固执于难以拥有的事物，深陷痛苦之中而无法自拔。其次，我们要清楚任何事都不是一蹴而就的。对于我们暂时难以达成的愿望，不要心急，也不要气馁。只要为之不断努力，我们的生活就会充满动力与元气，最终愿望成真时，肯定也会更加欣喜。

4. 虚荣心理衍生的嫉妒情绪

虚荣是最易引发嫉妒情绪的。虚荣与嫉妒的关系最为密切，甚至可以说是相互交融的关系。虚荣心强的人普遍善妒，由此可见，要想摆脱嫉妒情绪的困扰，就要先消除自己的虚荣心理。

对于那些虚荣心强的人，阿尔弗雷德·阿德勒在《自卑与超越》一书中给出了极佳的建议："对别人发生兴趣以及互助合作"。这个观点告诉我们，不要总是去和别人比较，换个角度，学会欣赏别人的优点，对别人感兴趣，你就能和别人互助合作，渐渐地，我们就能远离虚荣心，从而减少自己的嫉妒情绪。

每个人的性格都不是一朝一夕形成的。那么，我们现在如果想要去修正自己的某种心态，就不能操之过急。否则以上谈到的几种纠正嫉妒情绪的方法就难以奏效。要想真的摆脱嫉妒心理，需要我们真正用心去践行，才能让自己变得更加乐观豁达。

利用嫉妒心的正面引导力量

女人善妒，似乎已被公认，而且，女人的嫉妒心普遍被认为是一种消极情绪、不良心理。事实上，凡事都有两面性，嫉妒情绪也不例外，以它的消极面来给它下定义，显然是不客观、不全面的。

过分的嫉妒确实会阻碍我们的发展，甚至会扭曲我们的心态，但并不是所有的嫉妒心理都是洪水猛兽，只要我们能够坦然面对，妥当处理这种情绪，嫉妒心反而会成为引导我们前进的正面力量。

我的一位友人是典型的职场女性，她的工作能力很强，做事果敢干练，是别人眼中的女强人。然而，一次聚餐时，她却向我诉苦说，自己在获得别人认可的同时，也遭受了不少嫉妒和莫须有的指责。尤其是个别女同事，她们的嫉妒心之大让她自己倍感压力，烦恼不已。我宽慰她说："别人嫉妒你是因为你太优秀，你身上有她们无法企及的能力与成绩，所以，你大可不必为此烦恼，而是应该把他人的嫉妒带给你的压力转化为动力，借此来使自己变得更成功、更强大。"

事实就是这样，我们完全可以在他人嫉妒心的驱使下，提升自己的品质与能力，修炼自己平和的内心与豁达的心胸，创造更好的生活。相反，如果我们深陷被人嫉妒的苦恼之中不可自拔，进而变得缩手缩脚、瞻前顾后，那么我们不但难以继续前进，之前的优秀能力也会逐渐被消耗殆尽。

当然，我们也常常是嫉妒别人的那个人。这就需要我们自己想清楚一个道理：口吐酸气地嫉妒别人、说三道四地编排他人不仅毫无意义，还会降低自己的品格与气度，同时，嫉妒引发的不平衡、愤恨等情绪也会使自己身心痛苦而疲惫。我们与其在嫉妒中失控，不如化嫉妒为动力，奋起直追，使自己成为一个兼具能力与品格的优秀的人，快乐、充实地度过每一天。

嫉妒可以摧毁一个人，也可以成就一个人，关键就在于我们如何对待嫉妒情绪，怎样去内化这种情绪。让我们做聪明的女人，正确处理自己的嫉妒情绪，善用自己的嫉妒心理，去实现更多的可能。

第八章

与其捆绑别人，不如经营自己

占有欲强的女人多半是不自信的，她们以爱的名义去霸占、束缚对方，终会以两败俱伤结束。与其捆绑别人，不如经营自己。将生活的焦点转移到自己身上，多给对方一点信任与尊重，保持适当距离的关系才更长久。

情绪黑洞：占有欲

《东京爱情故事》里有一段话：现代人不缺爱情，或者说不缺貌似爱情的东西，但是寂寞的感觉依然挥之不去。我们可以找个人来谈情说爱，却始终无法缓解一股股涌上心头的落寞荒芜。爱情不是便当，它依然需要你的郑重其事。

就像每次聊天收尾的是他，每次等你睡着才肯睡去的是他，每次在电话里听到你不开心第一时间冲到你身边的也是他。你会收藏你们看过的电影的票根，专门录他喜欢的歌曲，耗费大量精力去挑选情侣鞋……每个小细节都在告诉你，你们是密不可分的情侣。

大学毕业后，我想找一份婚礼策划的工作。我觉得如果能够见证别人一生中最重要的时刻，简直太美妙了。后来我却因为别人的意见而摇摆不定，他们都说以后大部分年轻人都不再需要婚礼了，旅行结婚就好，我当时竟信以为真，放弃了自己的想法。

直到现在，回头想想，现实其实并不是那样的，因为爱情永远需要仪式感。

仪式感就是为了标识专有的印记，就是为了向全世界证明，对方是自己必不可少的一部分。

我们需要仪式感来为自己的爱情正名，即便是虚妄的。我们需要婚纱、鲜花、戒指、来宾的见证……这样会给我们一种暗示，一种由外界带给我们的安全感。我们选择结婚也同时选择了婚姻里的责任，选择了对彼此忠诚，我们满怀虔诚地签订契约，选择放弃人性里的贪婪怠惰，鼓起勇气与漫长人生中的跌宕和琐碎对抗。

当你与一个没有血缘关系的个体建立了婚姻关系，他把你和他的整个世界都拴在了一起，你不再是那个无拘无束、无牵无挂的个体，温柔的束缚把你轻轻松松地捆在了一张印有大红喜字的结婚契约上，宣告着那个人对你霸道又甜蜜的占有。

然而，在亲密关系中，我们越是重视，就越容易变得没有安全感，一旦感到亲密关系受到威胁，就会生出不安、恐慌、嫉妒、愤怒等情绪。这其实就是占有欲在起作用，这种情绪多见于女性。

在爱情中，女人经常在潜意识里把自己定义为弱势的一方，内心会对伴侣更为依赖。甚至有相当一部分女人认为，相爱的两个人就应该完全拥有对方，一切以对方的需要为出发点，两个人是彼此的专属品、私有品，不容侵犯。这就是女人在两性关系中占有欲的典型表现。

然而过于强烈的占有欲会让我们迷失自己，甚至使我们亲手把自己视为生命的亲密关系葬送。就像捧在手中的沙，越是紧握，流失得越快。占有不是爱，而是自私的表现，真正的爱是彼此尊重，站在对方的角度看待问题，给彼此适当的自由。

你只是爱自己而已

蘑菇二十岁的时候最好看，她笑起来很温柔，有着出水芙蓉般的清新气质，美得没有任何攻击性。

她在最好看的年纪遇到了两个性格各异的优秀男性。

一个是三十岁出头的大叔，温文尔雅，谈笑有度，有着翩翩君子的气质。大叔很有分寸，不会让人觉得有压力和窒息感。

一个是同校不同系的男生，长得很好看，柔美中带着英俊和正气，有着大男孩的稚气和阳光，对蘑菇用情很深，他的爱意让蘑菇有点透不过气。

蘑菇最后选择了大叔，她说她在大叔的世界里看到了不一样的风景，大叔的身上有着她身边同龄人没有的闪光点。

可是两年后，蘑菇还是和大叔分手了。问她原因，她只说："爱情的好看从来都是表面上的，原来我和曾经追我的阳光男孩一样抓得太紧，到最后什么也得不到。"

我疑惑地望向她。

蘑菇风轻云淡地一笑，显然已经释怀，她说："以前我们在一起，他总是安排好一切，我只要跟着他就不会出错，他的博学、他的幽默，使我深深地着迷。可时间久了，我越来越觉得哪里不对劲，我越来越在乎他，越来越想占有他的一切。甚至发展到我和他分开超过一天就会觉得很空虚。后来我才慢慢觉醒，我在一点点地干涉他的生活，甚至想掌控他的生活，最'狗血'的是跟他在一起的日子我从未和任何异性有过交流，当然我也不允许他和异性有任何来往。我对他温柔体贴，无微不至，却也很霸道。两年了，他的压抑自不必说，我也变得越来越不像自己，我始终学不会放手。我实在不喜欢和他在一起的那个疯狂霸道的自己。"

初相识时，爱情总是给人一种盲目的错觉，找到一个共同点就觉得彼此之间是有默契的。可是相处久了，那些无法逾越的鸿沟就会出现，思想深度的不同会拉远两个人之间的距离，那些藏在深情背后的企图心、占有欲也会随之暴露出来。

占有欲在爱情中是一种十分常见的心理。简单来说，你喜欢一个人，就会害怕失去他，所以你非常强烈地想要占有对方，这就是占有欲。

俗话说，男人征服世界，女人征服男人。

"征服"这个动词就是女人占有欲的衍生品。不是"爱护"，不是"疼惜"，而是"征服"。女人的占有欲不仅会让男人觉得束缚压抑，更会让自己变得心胸狭隘、神经紧绷。

从情感角度来说，适当的占有欲可以让对方感觉到你对另一半的重视，有助于感情稳定和关系和谐。但是物极必反，假如事事都表现出过分的占有，就会演变成引发感情危机的导火索，有可能最终导致感情的破裂。

蘑菇的感情无疑就是因此破裂的，我宽慰她："你也不要太自责，无论如何，你的占有欲都源自于对大叔的爱，只是用错了方式罢了。"

蘑菇苦笑着说："占有欲强的人，其实都是爱自己更多点而已，何必给自己找冠冕堂皇的理由。"

我们在选择伴侣的时候，找一个对自己知冷知热的人很重要，找一个看重、在意、尊重自己的人很重要，但是，找一个愿意给我们自由的人更重要。

对方既然能够在日日相对、夜夜同眠的生活中，与你共绘一幅美好画卷，你有你的北方，我有我的艳阳，那么，爱已足够，他也必定是把你放在心上的。

强势占有，只会让爱消失殆尽

思瑶和男友向阳交往一年多了，彼此深爱，在外人眼里他们男才女貌，是一对璧人。思瑶从小被父母当成小公主来宠，以至于她长大后性格里既有温柔善良，又有任性矜贵。恋爱以后，向阳像是从思瑶父母手里接管了她的所有权一样，对思瑶极尽宠爱。旁人看在眼里，无一不在心里暗暗羡慕。

但是不久前，思瑶和男朋友分手了，众人唏嘘不已的同时，也很好奇分手的原因。后来听闻知情人说，因为思瑶的占有欲太强了，让向阳觉得很压抑，才使这段恋情画上了休止符。

思瑶和向阳刚在一起的时候，思瑶怕向阳的前女友再来纠缠他，就强迫他换掉了使用多年的手机号。最初向阳还只是觉得小女生都是这样的，思瑶可能只是太在乎他了，才会要求他这么做。

可是事情发展到后来，向阳才发现这只是个开始。思瑶把他所有交友软件里的女性朋友都删掉了，常常以特别害怕失去他为由，干涉他的生活。

最不可理解的是，向阳和哥们一起组队打游戏，都被思瑶下了禁令。思瑶说她只是不想被别人占用她和向阳在一起的时间。但是，向阳觉得思瑶给他的爱只是强势占有，让他没有一点自由空间。

在《小王子》一书中，有一段经典的对白，狐狸对小王子说："对我来说，你还只是一个小男孩，就像其他成千上万个小男孩一样没有什么两样。我不需要你，你也不需要我。对你来说，我只是一只狐狸，和其他成千上万的狐狸没有什么不同。但是，如果你驯养了我，我们就会互相需要了。对我来说，你就是世界上独一无二的；对你来说，我也是世界上独一无二的。"

占有欲虽然可能出现在"驯养"的关系里，但我们每个人都是独立的个体，并不能被谁彻底驯服。

思瑶对向阳占有欲的表现是很极端的，甚至是有一点病态的。她在心里已经把向阳当成了自己的一部分，她认为向阳是属于自己的，那么他的全部就都应该属于她自己，并用"害怕失去""在乎"等情绪状态为自己的自私占有做掩护，并没有尊重向阳作为个体拥有自由的权利。

可是，个体的自由是不容侵犯的，我们不能把自己的意志强加在伴侣身上，日渐膨胀的占有欲只会让原本丰满的爱意消失殆尽。

所以，作为女人，与其用极强的占有欲在别人的世界里苦苦寻找存在感，不如在自己的世界里修行，让自己变得更耀眼夺目，从而让对方离不开你。

友情中的占有欲

嘉敏是一名大三女生，她在大学时期有一个玩得最好的朋友。她们一起去上课，一起去洗澡，一起去食堂；周末她们也一起看电影、吃美食；她们相约夜跑，互相督促着减肥。连同学都调侃她们说热恋中的情侣也不过如此。

但是最近嘉敏发现自己的闺密和其他专业的一个女生关系很好。即使她知道这个女生在闺密心里没有自己重要，但她还是会觉得很不舒服。

嘉敏的故事一下子把我的思绪拉回到我的学生时代。

高中时，我结识了我最好的朋友李青。李青之于我的意义相当于郑薇之于阮阮，顾里之于林萧，大雄之于哆啦A梦。

她陪我度过了迄今为止最珍贵的时光。我们形影不离，亲密无间。

但是我们之间也发生过一段小插曲。优秀的人总是会有很多人想要与之结交。在一节体育课上，我正和李青绕着操场说着悄悄话，同班同学笑笑从后面拍了一下我们的肩膀，很自然地挤到我们中间。笑笑这一系列动作做得行云流水，毫无违和感。

对于笑笑的入侵，我心里立刻警惕起来，却不知道应该作何反应。

很快，我和李青的两人行变成了三人行。我们之间的关系就像是一个天平，笑笑在轴心，我和李青在两端。

但是慢慢地笑笑开始向李青倾斜，三人行又恢复成两人行，只是那两个人中不再有我。我的危机感越来越重，我觉得她在悄无声息地腐蚀着我和李青的关系，我不能再不作为，我开始像小鸡护食一般进行反抗。

毕竟我和李青有感情基础，我的积极反抗有了很大成效，笑笑终于从我们之间退出了。

后来李青说："其实我看出了笑笑的意图，只是不忍心拒绝她，想着咱们两个带她一起玩也没什么不好的。直到我看到你慢慢地跟我不再那么亲密，我才意识到问题的严重性，还好你后来又向我靠近，我才能用行动表明我的偏向。"

我那时才惊觉，原来我不是一个人在战斗。

所以当嘉敏问我，友情里的占有欲是不是感情扭曲的表现，我很明确地告诉她："不是。不过可以确定，她是你最重要的朋友。"

从成因上分析，友情和爱情有着许多相似的成分，在可以称之为闺密的关系里同样需要彼此信任、尊重，才能维系一段友情。并且，彼此需要对方的程度和被对方所影响的程度丝毫不亚于爱情。

因此，当我们感受到友谊被第三方威胁时，我们会产生强烈的占有欲，会感到焦虑、不安，这是十分常见的。

但人和人之间还是需要距离的，所谓距离产生美，每个人都有自己的生活，有的时候我们只需要在朋友那里做一个旁观者。闺密过得好的时候，我们默默在一旁替她开心；当她过得不好的时候，我们立即挺身而出，帮她分忧。我想这才是真正的友谊吧。

"恋子情节"是占有欲在作祟

一天中午，我和几个同事一起外出吃午饭，条件不错的单身美女芊芊谈到了婆媳关系的问题。她说她以后结婚，一定不会和男方的父母一起住。

芊芊一说到这个话题，大家就开始讨论婆媳关系的问题。

另一位未婚美女婷婷说："我认为就算没有血缘关系，婆媳都是爱同一个男人的，而且要相处很多年，只要以心换心，哪里会有那么多矛盾呢？"

公司的微微立刻激动起来，冷笑一声后说："我以亲身的经历告诉你们，芊芊的想法太对了。"

微微和老公是初恋，恋爱从高中谈到大学，大学一毕业微微就嫁了。

她和她老公结婚的时候是按揭买的房子，年底才交钥匙，再加上装修，必须等到第二年才能搬进去。所以，他们只能暂时和公婆住在一起。

住在一起以后，她才发现婆婆有很严重的"恋子情节"，她老公一下班，婆婆就嘘寒问暖、忙前忙后地围在她老公身边，从下班到睡觉之前霸占她老公所有的时间，搞得她觉得自己就像一个外人一样。

结婚以后，她很快有了宝宝，应老公的要求，她在家安心养胎。她的婆婆正好退休在家，就肩负起了照顾她生活起居的责任。

怀孕初期她孕吐很厉害，闻到一点油烟味就会呕吐，所以只想吃些清淡的东西。但是她婆婆每天不是问孕妇想吃什么，而是先打电话问儿子爱吃什么，然后一切按照自己儿子喜欢的口味来做。

吃饭期间，婆婆对自己的儿子笑语盈盈，一边问工作累不累，一边往儿子的碗里夹菜。她老公刚想关心一下微微的身体情况，就被婆婆一下子把话题岔过去，完全当微微不存在似的。

最让微微受不了的是每天她老公下班回家，全家人一起吃完晚饭，婆婆都会缠着她老公一起看电视。她老公稍有推辞，婆婆就一脸沮丧地说："你小时候可喜欢缠着妈妈了，现在也不知道怎么了……"

她老公心里过意不去，只能陪妈妈看电视。看电视期间，婆婆不断地把切好的水果往她老公嘴里递，一会儿问累不累，一会儿问渴不渴。微微想加入进去，婆婆就说："看电视有辐射，等你把孩子生下来，到时候想看多久都没关系，现在还是少看一点吧。"她只能悻悻地回他们的房间。

等老公陪婆婆看完电视，已经很晚了，微微和自己老公说说贴心话的时间都没有。

这样的生活持续了一段时间，微微与她老公的关系一度降到冰点，他俩差点在宝宝出生前离婚。最后微微放了狠话，如果想要继续过下去，老公不能事事都依着婆婆。

好在她老公也意识到了问题的严重性，开始维护微微。房子装修好以后，他俩住进自己的新家，婚姻才得以幸存。

其实身为妈妈，对儿子多加照顾是很好理解的，婆婆身为母亲，因为对儿子的情感过分投入，心理上不希望别的女人控制和占有儿子，于是在占有欲的作祟下，婆婆就会和儿媳争夺儿子的"管理权"，婆媳矛盾也因此加剧。

凡事都要有个度，在一段婚姻中，母亲角色的过度演绎往往是婚姻最大的杀手。所以奉劝所有母亲，如果真的为自己的孩子着想，真的爱自己的孩子，就不要过多插手晚辈的生活。

情绪调整：如何控制疯狂的占有欲

霸道占有，爱是原罪

很多人在亲密关系中会打着"爱"的旗号将对方作为自己的私有物品，想要霸道地占有对方的全部。然而，我们要知道，亲密关系中的占有欲如同罂粟一般具有两面性，可用作药，也可化作毒。

占有欲在亲密关系中是一种十分常见的心理动力。这种情绪表现在亲情上，最常见的是过于亲密的母子关系；表现在友情上，就是看到朋友跟他新结交的朋友举止亲密会心生醋意；表现在爱情上，就是介意伴侣与异性接触。

"我就是中了你的毒"，身处在热恋中的人会这样形容自己与伴侣的关系：离不开、戒不掉。"你是属于我的私人物品，任何其他人都不能对你有所惦记"，但这种占有欲很难维系一段长久而健康的亲密关系。

从生物学的角度来看，爱就是某人或某事促使大脑产生了大量多巴胺而导致的结果。此时，你对这个人或这件事的渴望要远远胜过喜欢。也就是说，我们处于极度渴望时，会被占有欲蒙蔽内心，以至于不会去思考自己是出于喜欢，还是单纯地想要将这个人或物占为己有。

例如，一些游戏爱好者表示，时间久了即使他们还继续去练级"打怪"，但游戏其实已经不能再给他们带来更多快感了。也就是说，游戏有极大的能力去吸引爱好者的注意和渴望，去吸引爱好者想要拥有它们，即使游戏体验已经不再像原来那样快乐。

由此可以看出，在一段亲密关系中，任由占有欲恣意发展，不仅会使伴侣在亲密关系中觉得疲惫、有压迫感，也会使我们自己在爱情里迷失方向，不知道自己真正想要的是什么。

大多数女性朋友都很清楚占有欲的危害，但就是无法控制自己的感情。那么，缘何如此呢？心理学认为，因为占有欲由来已久，可以追溯到我们的婴幼儿时期。

弗洛伊德著名的俄狄浦斯情结理论指出：孩子作为一个弱小的生命完完全全地依恋母亲，这种依恋是一种非常霸道的感情。母亲在孩子生命初期对孩子无微不至的照顾，也印证了婴儿心中霸道的假设。这种情绪植根在孩子的内心深处，当他长大后试图建立一段亲密关系时，这种占有欲就会以一种新的形式转移到伴侣身上。

然而，过度的占有欲是理解和表达爱最不恰当的方式，爱的双方都需要给予彼此一定的空间、时间，唯有如此，我们才能在爱的世界里游刃有余、幸福自在。

把占有欲当朋友来相处

占有欲，本身是个中性词，且每个人都有。而且，占有欲这种情绪一旦过度了，就会产生许多问题。

人们对负面情绪有着很大误解，尤其是对女人的占有欲。占有欲太强的女人往往为人所不屑，被理解为小气、心胸狭隘。所以当占有欲稍稍露头的时候，我们的第一反应就是立刻清除它，视它如洪水猛兽般来抵抗或逃跑，但结果总是适得其反。我们的反应越强烈，占有欲也随之变得更加强烈。问题越搞越复杂，我们也就变得更加焦虑和不知所措。

我的一位女性朋友，在她的伴侣与异性讲话时，她的脸立刻就会沉下来，嫉妒之心昭然若揭。如果伴侣表现得十分热络，她便会当场发作，拂袖而去，气氛也因此变得很尴尬。她有时候也会意识到自己的问题，试图控制自己的占有欲。然而，再遇到这种情况时，会不断地给自己心理暗示，但是她的占有欲就如同添了柴火的小火苗一样，反而越燃越旺。

终于有一次，她不再和心中的坏情绪抵抗，而是将自身抽离出来当一个旁观者。她知道占有欲的火苗燃烧着，在允许它燃烧之后，她竟然可以安然自若地陪着伴侣完成整个谈话过程了。

当我们不再一味地去抵抗、排斥自己的占有欲，而是像对待朋友一样去了解和关注它，清楚了这种情绪的起因，对它的结果也有了明确的预知，我们的情绪便不会再那么激动，情况就会发生实质性的改变。这一刻，就是自我探索的开始。贴近自己的内心，正视自己的情绪，我们将会从中学会释怀，变得开朗豁达，获得自由与平和，收获全新的自我。

总之，当我们学会将占有欲当成自己的朋友，能与之和平相处的时候，它便不再是我们情绪失控的威胁者。

有人会说，这些说起来容易做起来难。的确，这是一个艰难的修炼过程，但是当我们心向往之，能够坚持在每一次情景里不断重复练习，那么改变也就指日可待。久而久之，这种方式会变成我们处理占有欲的一种习惯，那个时候，我们就能够坦然淡定、游刃有余地管理自己的占有欲了。

亲爱的女性朋友们，智慧源于困惑，请不要急于排斥或逃避自己的占有欲，像朋友一样去与之相处吧，避其锋芒，我们会从中收获人生的智慧，在通往美好生活的路上一往无前。

占有欲总是和缺乏自信的人结伴而行

很多时候，在亲密关系中，女人的占有欲太强是因为自身条件相对于伴侣没有优势可言，自身实力与环境实力之间存在不小的差距，因此缺乏自信心。所以，培养自信心对于消弭占有欲有着不可小觑的作用。

自信不是凭空出来的，而是发芽于自身的硬件条件。也就是说，要想培养自信心，最直接的办法就是将自己变得更好。那么如何增强自己的自信心呢？

1. 脸蛋更漂亮

女为悦己者容。为了变漂亮一定要付出实际行动，相信很多人都听过一句话："世上没有丑女人，只有懒女人。"既然那些天生丽质的人依然在打扮自己，那么天生长相平平的我们还有什么理由懈怠呢？想让自己变漂亮最容易实践的办法就是学会化妆与穿搭。

化妆是每个女人的必备技能，一个大方得体的妆容不仅能提升个人魅力，也是对别人最大的尊重。同时，女人还要学会穿搭，穿衣搭配不要盲目追逐潮流，适合自己的才是最重要的，用合适的穿搭配合合适的妆容，一定会让别人眼前一亮的。

2. 身材更完美

女人只有拥有凹凸有致的身材，才能令自己魅力大增。

身材管理是女人永恒的课题，要想拥有一个好身材，首先要做的就是控制自己的食量，但是不能采取极端手段。

其次，适当有效的锻炼可以让女人拥有更好的体态。锻炼不仅可以让女人拥有好身材，也会让女人的身体更加健康。坚持锻炼的女人，即使体重没有发生任何变化，但是身形一定更加匀称紧致。此外，运动锻炼也可以让我们拥有好心情。

3. 知识更渊博

俗话说，"书中自有黄金屋，书中自有颜如玉""腹有诗书气自华"。喜欢读书是一个修身养性的好习惯，尤其是对现代女性来讲，读书更是一件尤为重要的事。

在书中见过大千世界的女人，不仅眼界宽广，知识更是渊博。读书教会女人说话，读书教会女人生活，以书会友更能扩大女人的交际圈。经常读书的女人有着不一样的气质，由内而外地散发着迷人的魅力。

4. 内在更丰盈

内在的丰盈一般依赖于对自己内在的管理。

内在管理可分为两个部分，第一部分比较简单，就是要养成良好的生活习惯与规律的生活作息。生活作息规律的女人一定是对生活品质有要求的女人。第二部分则需要更多的练习，即约束、规范个人的言行举止。一个女人的言行举止能透露出很多信息，一个举止优雅且说出来的每句话都有涵养、有深度的女人，一定比一个说话不经大脑、言辞粗俗的女人更有魅力。

5. 经济更独立

经济独立可以使女人活得更有底气、更有尊严。一个女人如果没有自己的工作，没有事业心、上进心，完全依仗伴侣而活，那么她会非常没有自信心和安全感。生活总是充满变数，没有人能保证你们之间的亲密关系永远稳固。一旦自己赖以生存的亲密关系遭到瓦解，没有经济来源的女人将陷入困境之中。

经济能力越强的女人，生活的品质就越高；生活品质越高，幸福感就越强。经济独立可以让女人做自己想做的事情，也提升了女人存在的价值。

消除占有欲的秘诀

一般情况下，在亲密关系中占有欲太强的人都是太看重这段感情和全心投入感情里的那个人，他们喜欢对方到了想要将对方据为己有的程度，霸道且蛮横。他们对这段关系有着强烈的归属愿望，喜欢将伴侣当作财产支配和掌管。

很多时候，强烈的占有欲会引发很多不好的行为，比如为了得到会不择手段，为了捍卫主权会失去理智。从这个角度来说，占有欲是一种比较危险的情绪。

那么，面对亲密关系中的占有欲，我们该怎样做呢？

首先，要学会正确判断亲密关系中的占有欲。喜欢一个人，难免会希望对方是自己的专属。这种心理本无可厚非，正常的亲密关系都是喜欢独享的，但是需要合理地控制占有欲。如果独享到不允许自己喜欢的人与任何异性接触，那就是非理智的占有欲。所以，我们首先要做的就是正确判断亲密关系中的占有欲，判断它是否在合理的范围之内。

其次，占有欲要适度，这个"度"就是指尺度和分寸。占有欲是亲密关系中十分常见的一种情绪，女性适度的占有欲会让对方感觉到被重视、被在乎，是促进感情的一剂良药，但凡事过犹不及。健康的亲密关系中的双方不是时时刻刻都要待在一起，霸道地占有对方的全部生活领域，而是精神与思想的契合，真正长久的亲密是两颗心的贴近，而不单单是地理位置上的捆绑。爱不等于占有，我们珍视对方的同时也要给予对方相对的个人空间与自由。这样，这种亲密关系中的两个人不但不会因此而疏远，反而会更加亲密无间。相反，我们给对方的空间越小，对方就越无法呼吸。有些人虽然会容忍一时，但是日子久了还是会爆发的。

最后，修炼自己，使自己的内心变得更强大。这个世界上并没有我们非得到不可的东西。过度的占有欲其实是以爱之名去掠夺、去侵占更多的关怀与爱意。因此，我们与其要求别人给予，不如提升自己的修养。"你若盛开，清风自来"，当我们不断地努力变成更好、更优秀的自己，有自己独特的人格魅力时，自然会被人喜爱、珍惜与守护。

爱情本身是一种很美妙的体验，它让我们的痛苦加倍，也让我们的欢愉加倍。有一个人愿意和我们一起分担喜怒哀乐，这是一件多么可遇而不可求的事。所以，千万不要让占有欲这条无形的锁链捆绑了对方，也束缚了自己，最终在爱情里徒劳无功地以分离落幕。

第九章

这个世界，需要你来爱的是自己

那些看不见的伤总是更深、更疼，女人要学会爱自己，不要让自己陷入抑郁的深渊里。

即使生活在抑郁的阴影里，女人也不要放弃生活，而是要拥有对抗黑暗的勇气，和生生不息的希望。

情绪黑洞：抑郁

在一次情绪管理的公益讲座上，讲师向台下的听众提问："你们有没有经历过情绪抑郁或低迷的时期？"几乎所有听众都举起了手。的确，有过情绪抑郁或低迷，是人生的一种常态。

事实上，抑郁作为情绪的一种，如同快乐、喜悦、轻松一样，都是人生必然会经历的情绪体验。

如今，生活节奏快，社会竞争大，家庭担子重，我们每天都有各种各样的大事小情需要处理。孩子考试成绩的排名、爱人事业的起落、股市行情的涨跌……有哪一件事不让我们绞尽脑汁，同时伴随着心情的起起落落？而努力又不一定就会达成目的，生活中事与愿违的情况时有发生，在那个时候，我们就会觉得心理失衡、压力倍增，进而陷入抑郁之中。

谈起抑郁，人们脑海中往往会不自觉地呈现出一个失意、颓唐、黯淡、憔悴的中年人的形象。实际上，抑郁并不仅仅出现在这些人身上。无论是光鲜亮丽的娱乐圈偶像、叱咤职场的商业精英，还是原本应该活力四射的学生，都有可能患上抑郁症。尤其是近些年来，我们经常可以在电视上、网络上看到这类消息。

处于抑郁中的人会觉得自己是这个世界上最不幸、最失败的人，对他们而言，世界是黯淡无光的，生活是枯燥无味的，他们看不到一丝希望与光明，内心的痛苦似乎是永恒的、没有尽头的。抑郁情绪在吞噬他们的内心与意志的同时，进而还会侵蚀他们的身体健康。因此，失眠、厌食、意识混乱、行动迟缓都是患抑郁症人群的常见症状。

有的人会感到疑惑：所有人的行为都是以追逐快乐、远离痛苦为目的进行的，情绪欲望的本能是人们行为的驱动力。那么，人为什么还会抑郁呢？

心理学认为，抑郁产生的根源主要是苦由欲生。我们痛苦、抑郁是因为现实有悖我们的期望与意愿。但是，回头想一想，有谁的人生是一帆风顺的呢？俗语说"家家有本难念的经"，同样，每个人也都有自己的烦恼与苦闷，每个人也都会遭受挫折与逆境。我们所有的不愉快经历，同样有人正在经历着或曾经经历过。所以，别在逆境里沉沦，请学会辩证地看待眼前的挫折与困苦，积极排解自己的抑郁情绪。

水在零度结冰，而冰也在零度融化。我们与其在不如意中抑郁，不如在抑郁中奋起。不要把抑郁作为冰点，让我们在抑郁中反思自省，在抑郁中积蓄力量，然后振奋精神去改变现状，创造更好的生活。

如果人的情绪有四季，那么抑郁无疑就是寒冬。我们不愿经历却又逃不过，所以，与其自怨自艾，消极沉沦，痛苦不堪，不如换个角度看问题：寒冬已经来了，春天还会远吗？ 等我们挺过寒冬，在春天鲜花盛开时，我们会发现这个世界是温暖的，人生是美好的，我们自己同样是美好的。

那些杀不死你的，终将使你更强大

在影片《这个杀手不太冷》中有一个镜头，小女孩玛蒂尔德用戾气深重的眼神望着对面的男人，渴望救赎般地轻声问："人生总是这么痛苦吗？还是只有小时候是这样？"

杀手里昂认真又冷漠地回答："总是如此。"

那一刻，我很佩服里昂的诚恳，也很心疼他平静地说出这句话时的无奈。里昂是最寂静的杀手，不让人畏惧，反而让人心疼地想要走近他、温暖他。他独自在黑暗与痛苦中生存，无人相伴，无处可栖，在遇到小女孩之前的生活体验就是"人生总是这么难"。

事实上，在当代社会，越来越多的人有着里昂一样的内心体验。我们奔波于生活的忙碌与琐碎，随时要应对各种各样的未知和意外，在想要改变一点现状的时候，又总是深感无力。于是，我们身处繁华、喧嚣之中，却总被孤单与落寞侵蚀意志。

上大学的时候，我认识了一个同专业的姑娘，她叫可可。

可可七岁的时候目睹了自己的父亲精神病发作，不小心误伤了自己的母亲。母亲由于失血过多，最终离开了她。她坐在家门口的石阶上不哭也不闹，直到邻居报警，警察把她的父亲带走，她才像意识到什么一样痛哭起来。

可可成了孤儿，万幸的是她的外婆承担起了抚养她的责任。但是父母的离去留给可可的不光是孤苦，还有心理上的阴影。

可可小时候穿的衣服都是亲戚家孩子穿剩下的，处于青春期的她与同龄人比起来显得十分瘦小，她从来不敢直视自己喜欢的男生，也不喜欢和同龄的女孩玩闹，她总是一个人阴郁地待在角落里。

外婆倾其所有把可可拉扯大，可可也很争气，长大后她成了村里唯一考上重点大学的人。亲戚们东拼西凑帮她交了学费，情况刚有所好转，大一的下半学期，她的外婆积劳成疾去世了。瞬间她觉得世界崩塌，命运对她实在不公平，连她在外婆那里感受到的仅有的爱和关怀都要带走，她一度陷于绝望与痛苦之中。

那个时候她真的觉得很难熬、很难受。她觉得死没什么，活下去对她来说才是一种煎熬。自杀的念头不可抑制地在脑中闪现，而她也曾真的这样做过，好在最后她及时醒悟，悬崖勒马。

既然没死成，日子终将继续，她脸上的坚毅我至今都不会忘。她说："那些杀不死我的，终将使我更强大。"她知道在这之后还有可能会不断地遭遇不同的困境，但是她觉得再也没有什么可以打倒她了。

即使我们不能从经历中得到战胜困难的方法，但至少也可以从中获得一丝面对挫折的从容与淡定。所以每当我看到"凡事不会一帆风顺，随缘者自适""经历过严寒的人，才知道太阳的温暖；饱尝人生艰辛的人，才懂得生命的可贵"这种心灵鸡汤时，都会以此来宽慰正经历痛苦的自己，使自己从抑郁情绪中摆脱出来，勉励自己继续勇往直前。

人生总是那么难，但是不能因为难就放弃经历的机会。身处人生低谷、情绪低潮之时，要做的就是尽可能地让自己心态平和。平和坚韧的心态永远不会让人迷失。

先谋生，再谋爱

庄宁问我："当一个人把生活中的苦难全部熬过去，会不会涅槃重生？"

我奋力地点点头，尽管我知道这并不一定。

前段时间，一个叫范雨素的平凡女人在网络上爆红。她在《我是范雨素》一文中写道："我的生命是一本不忍卒读的书，命运将我装裱得极为拙劣。"

用这一句话形容庄宁再适合不过了。

高中的一节数学课上，老师在黑板上画了正弦函数图像。他难得文艺一回，敲着黑板对我们说，人生就是正弦函数，波峰波谷交错起伏。

庄宁说，现在回想起那段在谷底的日子，已经不会再歇斯底里地难过。

两年前的春天，庄宁被确诊为重症肌无力，面临生活不能自理和药物治疗的双重折磨，她除了承受再不能多做些什么。

那段日子是暗无天日的，她时常绝望地想着自己年纪轻轻为什么要经历这些，甚至想与其这么不堪地活着，不如让生命就此终结。

那时候，她的男朋友辞掉了工作，几乎寸步不离地守在她身边，一直鼓励她："咱们说好的，明年存够了钱就结婚。你不能言而无信，等你好起来，我娶你，好不好？"

庄宁阴雨连绵的心境，就因这一句"我等你，我娶你"，拨开云雾见天日。

就在去年，雪花被暖阳融化，冬天已被送远，春天披着希望的绿装姗姗来迟。庄宁来到省三甲医院。

　　那个时候，庄宁的病情已经发展到药物无法控制的地步，病情的迅速发展严重影响到她的吞咽功能，她只能靠插胃管维持生命，身体每况愈下。她的意识变得异常消沉，整个人变得郁郁寡欢，不愿意和任何人交流，也没有力气说话。

　　医生提出两种治疗方案，一种是胸腺摘除，若术后病情明显恶化，可辅以药物进行控制；第二种是保守治疗，即皮质类固醇治疗。

　　庄宁回忆说："面对做手术的风险和不做手术的隐患，我的父母陷入了两难的境地。"

　　他们将问题推到她这里，父亲认真地说："你自己做决定吧，你得对自己的人生负责。"

　　她再一次陷入了绝望，没有力气抱怨，也没有力气发脾气，只能在不眠的夜里孤独落泪。后来她男朋友抱住她说："做手术吧，不管结果如何我都不会离开你。"

　　庄宁突然无所畏惧了。

　　她穿着天蓝色的病服被医护人员推进手术室，感觉自己像一个罪人，被带到法官面前，等待着命运的审判。她的父母和男朋友一直守在外面，期间的焦虑与不安可想而知。

　　一场手术总算是有惊无险地结束了。

　　术后在医院休养观察的那几个月，庄宁和她男朋友不可挽回地分手了。

　　感情上的事总是很复杂。

　　庄宁说："我当然爱他，可我不能这样自私，我不能以这样的一副病躯拖累他。"

　　术后的那段日子，她依然躺在病床上不能自理，终日由父母悉心照料。病痛的折磨掩盖了失恋的痛苦，她的全部力气都用在和命运抗争上，没有精力顾及别的伤口。她只是日复一日地祈求这日子能过得快一些，再快一些。

　　当病痛的折磨逐渐消退，失恋的痛苦终究还是没有放过她。往日甜蜜的回忆化作一把锐利的尖刀，一遍又一遍地戳向她的心。这种痛苦避无可避，让她整日整夜地保持着可怕的清醒。

起初她还试图向别人倾诉，但几乎所有的安慰和问候，全都不痛不痒地搔在别处。

现在的庄宁很好，至少看起来已经和普通人没什么两样。

她说，这段经历与遭遇让她失去了很多，也懂得了很多。她说，一个人可以对活着丧失一切的期许，但一定要尊重生命。先谋生，再谋爱。

最后，愿所有人都能有奋斗的目标、前进的勇气和生生不息的希望。

婚姻或许是另一种新生

晶晶是一个来自南方小镇的"北漂"女孩。当她二十五岁的生日刚过，家人便开始催婚。

为了不辜负父母和亲朋好友的期待，晶晶也风风火火地加入了相亲的潮流大军中。虽然相亲对象见了不少，但她始终没有遇到心仪的。

她的父母见她虽然没少相亲，进度却没有加快，就开始督促她："找一个差不多的就行了，爱情的激情能维持多久？进入了婚姻还不都是相敬如宾。"

被念得久了，父母的那套说辞犹如魔音，缭绕在她的心里经久不散。

她的表姐得知她对待感情如此着急，开始用自己的心路历程劝慰她。表姐对她说，爱情和婚姻根本是两码事，前者是灵魂的激荡，电光火石；后者是责任和陪伴，鸡毛蒜皮。以爱情为名义进入婚姻的人尚且对婚姻失望，没有爱就没有理解和包容，婚姻更是难以为继。

表姐曾满怀憧憬地踏入婚姻，然后被婚姻生活的枯燥无味还以重击，甚至一度坠入情绪抑郁这个黑暗的深渊里。

表姐和她先生相爱五年，终于在一个晴好的日子里，依着最俗套的剧情，单膝跪地，钻戒盟誓，接受了她先生的求婚。

可是，步入婚姻的她并没有像公主一样，从此和王子过上了幸福的生活。她发现她的先生并没有谈恋爱时那么完美，他有很多坏习惯。一回到家他就把袜子随手扔，不洗澡就往床上躺，下了班就开始打游戏，家务活从来都甩手不管。表姐对他很失望，她时常觉得自己感受不到爱和支持。

很多女人以为找到伴侣后可以不再孤单，可事实是在婚姻中觉得孤单、失望和无助的女性并不在少数。

终于，表姐在和她先生因为一些鸡毛蒜皮的小事争吵后，摔门而去。

表姐在朋友家住了几天，在这几天的时间里，她的心理遭受到了巨大的折磨。她白天照常上班，晚上和朋友说笑，只有到了夜里在黑暗的掩护下，她才敢肆无忌惮地哭出来。她痛苦地拉扯着被子，想要声嘶力竭地喊叫，却又怕朋友听到。曾经的甜蜜还历历在目，如今的感情已被现实蹂躏得满目疮痍……

她先生得知她在朋友家，赶忙过来负荆请罪，接她回去。看着几天没洗脸、胡子拉碴的丈夫，表姐心软了。他们都知道，彼此心底还深爱着对方。于是，表姐跟着姐夫回去了。

在接下来的日子里，表姐夫经常做家务，甚至学会了一些简单的家常菜，时常给表姐小惊喜。两个人时不时地出去旅行，每次表姐和晶晶谈起，都说去度了个蜜月，幸福之情不言而喻。

生活不总是风花雪月，婚姻终将步入柴米油盐酱醋茶的微小与琐碎之中。惊心动魄、激情四溢并不是婚姻的状态，真正的婚姻需要两个人互相妥协、互相理解，在相濡以沫中平平淡淡地度过一生。只有深切体会到这一点，才能在婚姻生活中过得不抑郁。

爱的结晶还是爱的终结

　　三十岁的叶婷生完二胎后，在电话里向我哭诉："曼曼，我已经觉得生无可恋了……"

　　我顿时慌了，连忙安抚她的情绪。

　　叶婷原来是一名世界五百强公司的高管。她收入可观，社会地位稳固，爱人出身名门，孩子健康可爱，这一切在外人眼里完美得令人艳羡。

　　可叶婷却说，她生了第二个女儿以后，觉得一切都变了。每当夜深人静的时候，家人都已经熟睡了，只有她还在床上辗转反侧，难以入睡。而且，她还会莫名其妙地哭，等反应过来的时候，枕头已经湿了一大片。在她身边，老公睡得很沉，全然不知发生的一切。

　　叶婷生第一胎的时候，家里添了小生命，自然是喜气洋洋的，丈夫更是视她为功臣般对她倍加呵护。但是这次生完二胎，她觉得丈夫对她没有那么上心了。她与婆婆更是积怨已深，生第一个宝宝时婆婆就没有帮一点忙，现在这个更不用提了。大女儿老是和妹妹争风吃醋、闹情绪，说妈妈有了新宝宝就不爱她了……

　　因为要照顾孩子，她把原本引以为豪的工作辞掉了。每天早上起来，看着镜子里那张因长期失眠而憔悴蜡黄的脸，她就感到绝望。镜子里的女人就像商场里积压多年的库存商品一样，没有一点吸引力。

　　辞职后的她生活的全部就是各种家庭琐事，人生一下子黯淡无光，日子一下子变得杂乱不堪起来。

她说："我觉得这两个孩子对我来说就是一种牵绊，我真的好后悔结婚、生孩子。"

听完她的诉说，我才知道，她患上了产后抑郁症，而且程度已经不轻了。我建议她尽快求助心理医生，以免病情恶化。

大家都认为她是个有经验的妈妈，第二个孩子带给她翻天覆地的变化没人看得见，她只能一个人独自承受，每每想要诉诉苦，还要被称为"矫情"。

风筝是个伶俐可人的"90后"，生了宝宝以后依旧能量满满。但是她说，在适应这个新身份的过程中，她也曾与失眠、焦虑和委屈做斗争。

风筝生了宝宝以后，就辞职在家养身体。在家里她有妈妈照顾，还请了个保姆来帮忙，她不用担心任何事，只需要定时喝下那些难以下咽的汤汤水水，再定时给宝宝喂奶就好了。但是那种由内而外生出来的疲惫感，深深地扎根在她的心底。

风筝一方面想要做一个尽职尽责的好妈妈，另一方面又不甘心在家做一个无业闲人。她在从一个职业女性向新手妈妈这个角色的过渡中，常常会出现自我否定和情绪低迷的精神状态。当她脱去社会性的外衣，完完全全展现出失落无助的时候，没有经历过的人不会懂那种心理落差。

母亲这个角色总是能理所当然地把女人带入另一个时空。每一个陷入抑郁里的妈妈都曾经历过疲惫茫然、不知所措。有些人走出来了，每每回头看，都想抱抱当时的自己；有些人还在其中，她们有气无力地说，再也好不了了。

我们都会经历为人母的时刻，希望那时的我们能更加洒脱，多关注自己的情绪，以将注意力转移在自己身上的方式满血复活，远离产后抑郁这个黑暗的深渊。

情绪整理：关于抑郁，你必须要知道的四件事

抑郁的症状有哪些

任何事物的发生发展都是有迹可循的，抑郁情绪也不例外。抑郁作为一种越来越常见的情绪，我们应该对其症状有所了解，以免身处其中却不明就里而手足无措，也避免因杞人忧天而自寻烦恼。

那么，抑郁的症状有哪些呢？

1. 心情不佳，情绪低迷

心情不佳，情致不高，这是抑郁症最主要的症状。症状轻者苦恼、忧伤，终日唉声叹气；症状严重者情绪低迷、悲观，甚至时常有厌世心态等。

2. 食欲发生明显的改变

人的情绪总是跟食欲有关，抑郁症患者往往会有食欲锐减、厌食或暴饮暴食的表现。一位抑郁症患者曾这样描述道："我有时候一想到该吃午饭了，还要自己去做饭，还要把食物装到盘子里，还要拿起筷子，得夹、得嚼、得咽，这些都让我感觉很难受。"总之，抑郁症患者常常会因为食欲差而导致体

重锐减。

3. 严重影响睡眠质量

失眠也是抑郁症患者较常出现的症状。抑郁症患者对不愉快的过往无法释怀，对未来看不到希望，这些不愉快的想法会在夜深人静时在他们的脑海中翻涌膨胀，出现多梦、早醒、入睡困难等睡眠障碍，影响睡眠质量。

4. 对一切都兴趣索然

丧失对生活、工作的热忱和乐趣也是抑郁症患者的症状之一。这是因为抑郁情绪不仅困扰着患者的内心，也束缚着他们的身体，使他们感觉疲惫、没精力，对什么都没兴趣。一位典型的抑郁症患者说："我以前还喜欢和别人下下棋、练练书法，但是现在我忽然发现自己几乎对所有事物都失去了兴趣。明明是我曾经很感兴趣的事，但是如今我也提不起一点兴趣来。"

5. 思维与行动变得迟缓

思维和行动迟缓是抑郁症患者一个很显著的特点，这个表现是患者自身与身边人都可以明显察觉出来的。抑郁症患者常发现脑子变得不好用了，记忆力和思考能力都变弱了，对事物的反应也总比其他人慢半拍。同时，抑郁症患者会觉得行动好像也被限制了一样，变得动作迟缓，不爱活动，连话语也会减少。

6. 自我评价过低

抑郁症患者不仅会对周遭的环境感到失望，也会对自己存在失望与不满。他们感受不到自己的价值，看不到自己的能力，给自己的定位极低，甚至会完全否定自己，觉得自己一无是处，毫无前途可言。

　　以上提到的症状可能不仅是抑郁症独有的特征，比如，处于失恋中的人，也可能伤心流泪好多天，甚至会不食不寝，但那并不是因为抑郁症。所以，这里有一个判断标准：如果一个人出现以上提到的多种症状，天天如此，且持续两个星期以上，并严重到干扰日常生活，那么才能算是抑郁症患者。

　　此外，要注意的是，重度抑郁症患者会产生轻生的念头，因此，有抑郁倾向的人，一定要及时发现，并积极采取措施，尽早接受治疗，以免悲剧的发生。

抑郁可能是因为追求极端的完美

席慕蓉说："在一回首间，才忽然发现，原来，我一生的种种努力，不过只为了周遭的人对我满意而已。为了博得他人的称许与微笑，我战战兢兢地将自己套入所有的模式所有的桎梏。走到途中才忽然发现，我只剩下一副模糊的面目，和一条不能回头的路。"

有些人穷其一生都在追求世人眼中的功成名就，以达到一种完美的状态。倘若无法达到这种状态，那么整个人就会变得抑郁起来。

抑郁的人对人对己都有极其负面的认知，他们时常觉得自己懦弱无能，是不值得被爱的，并为此感到悲观无助。还有一部分深陷在抑郁的黑洞中不能自拔的人觉得，自己是一个异类，生来就是有缺陷的，没有人会喜欢自己。他们不仅对自己持有负面认知，对于别人的感受和评价也都是消极的。他们觉得周围的人都很冷漠，没有人会爱他们、关心他们，也认为他们的明天不会有什么希望。

如果一个人长期处在贬低自己的状态中，觉得自己长得不美，性格糟糕，能力不足，又不能带给别人任何帮助，对社会也毫无价值可言，时常自责，那么陷入抑郁情绪的概率就会大大增加。事实上，不管发生了什么，没有什么情况是永远无助无望的，一切皆会改变。

一部分自我评价过低的抑郁症患者会想要寻求更完美的生活，而完美本身却是一个无底洞。这是一个不断接近的过程，并不存在一个终极的状态。完美的生活特别虚幻，求而不得也是抑郁症患者发病的一个诱因。

完美主义者是抑郁症的高危人群。他们因过度追求完美而感到担忧和焦虑，这和他们自身的条件、能力无关。他们的抑郁情绪主要源自于对自己的不确定，以及害怕别人的否定与拒绝。

从辩证的角度讲，抑郁情绪也有两面性，有时这种抑郁可以产生能量，促使我们追求卓越、超越自我。正是那些追求完美的人在改变这个世界，推动这个世界。

如果追求完美的过程偶尔伴有轻度的压力与焦虑，那么我们完全可以一边调整情绪状态，一边继续前进。但如果追求完美使我们筋疲力尽，感到极度压抑与痛苦，那么我们就应该停下脚步，先把自己调整到健康的状态。

如果追求完美是为了提高生活品质与自身价值，那么这种心态是值得肯定与鼓励的。但如果我们追求完美的主要目的是为了获得别人的认可，那就会触发抑郁情绪的产生，因为别人的评价是不可控的，我们永远不可能让所有人满意。

要想做到情绪的平衡，在追求完美的过程中，我们应该以不影响自己的日常生活、身体、情绪、心理等因素为前提。所以，我们应该保持一颗平常心，每天都给自己一段静观和反思的时间。这样一来，我们就很容易判断自己的情绪是否出了问题，也能够及时把自己的心理和情绪调整到健康的状态。

产后抑郁症的心理疗法

产后抑郁症是女人生完孩子后常见的情绪疾患。这是一种会对女性心理健康伤害很大的心理疾病，所以，了解产后抑郁，对产生抑郁的女性进行心理疏导，是极为重要的事。

1. 焦点转移

女人在产后的确会面临许多棘手的问题，例如产后身体状况不如从前、母乳喂养出现问题、产褥期长辈让遵守的并不科学的坐月子传统让人崩溃等。对此，我们要做的就是不要让精力总是集中在这些让人头疼的事情上。越想不开心的事心情就越不好，心情越不好越容易导致情绪持续低落，然后陷入抑郁的深渊。

所以，要适当转移自己的注意力，将焦点从孩子与生活琐事上移开，将注意力转移到一些愉快的事情上，多关注一些自己的喜好。不仅思想上需要转移注意力，还可以从行为上参与一些力所能及的娱乐活动。

2. 改变食谱

产后肥胖、身材走样是导致女人抑郁的一个重要因素，所以在产后改善饮食结构，按照清淡而富有营养的食谱就餐，对缓解抑郁情绪也有很大帮助。

　　不要过多摄入零食，零食不但让女人产后变胖或变得行动迟钝，还促进忧郁情绪的发生。专家发现，OMEGA-3脂肪酸对改善抑郁情绪有很大的作用，因此患有抑郁症的女性应该定期进食富含OMEGA-3的食物，其中包括鲑鱼、沙丁鱼、湖红点鲑、金枪鱼以及核桃、亚麻籽和橄榄油等。以上这些食物不但可使体重下降，还能获得充沛的精力。

　　避免食用经过层层加工的食物。作为替代，患产后抑郁症的女性也可以吃一些天然健康的食品，例如谷类、蔬菜和水果。

3. 摆脱焦虑

　　抑郁的诱发因素之一就是焦虑，焦虑与抑郁常常结伴而行，所以女性产后需要采取行动，减少生活中的焦虑。做能让自己感觉到轻松的事，比如晒晒日光浴、游泳或阅读。此外也要避免接触和抑郁情绪有关的压力源，特别是让自己感到压力的人和工作。

　　肢体上的碰触，包括牵手、拥抱和性行为能增加快乐，减少焦虑。多和伴侣进行身体上的接触，有助于提高我们体内催产素的水平，催产素是一种减少痛苦和让人保持平静的激素。有研究指出，当女性处在性高潮时，体内的催产素会增加，从而令女性身心愉悦。

4. 改善睡眠

　　产后的女性几乎都深受睡眠不足的困扰，新生儿的吵闹严重影响女性的睡眠质量。睡眠时间紊乱及不足都将加剧抑郁症状，最好的入睡时间是当外面完全暗下来的时候，因为这时身体开始制造褪黑素（负责催眠的一种激素）。

　　因此，女人产后要学会创造各种条件，让自己多睡一会儿。当孩子安然入睡时，自己要抓紧时间闭目养神；当孩子在半夜哭闹的时候，女性朋友要向身边的伴侣求助。

治疗抑郁症的几种有效方法

随着大家对情绪的关注，人们似乎接受了"抑郁症成为仅次于癌症的人类第二杀手"的观念。

抑郁症成为焦点为人们所关注后，治疗的方法也多了起来。关于抑郁症，人们有很多有效的疗愈方法，有药物疗法，有生物疗法，也有心理疗法。一般，对于症状较轻的抑郁症患者来说，心理疗法是比较推荐的治疗方法。对于程度稍微严重的抑郁症患者来说，药物疗法配合心理疗法会更有效。

1. 认知行为疗法

在抑郁症的众多疗愈方法中，认知行为疗法，即通过帮助抑郁症患者改变行为和思维来消除抑郁的方法，被证实非常有效。

认知行为疗法的最大特点就是让抑郁症患者采用纸笔记录的方法，记录自己的情绪、思想。这样可以通过文字的逻辑性和清晰性，对患者的情绪、思想进行分析。

对于情绪抑郁的人来讲，认知行为疗法主要是帮助患者做两个方面的改变：认知的重建和行为的调整。在认知上，引导患者对自己的思想与情绪进行分析，从而提高患者的思维积极性，恢复正常、向上的认知能力和沟通能力；在行为上，通过有氧运动、品尝美食、做按摩等令人愉悦的一系列活动，帮助患者重获活力，走出抑郁。

2. 寻求帮助

在意识到自己有抑郁倾向后，不要独自默默承受，很多影视明星、领域专家、企业翘楚等都可能会有抑郁情绪。轻度的抑郁的确有可能自己熬过去，但许多抑郁症患者在独自承受痛苦中症状加重，最终危害自己的身心健康甚至生命。

从这个角度来说，疗愈抑郁的一个有效的办法就是与人连接。这就好像当我们生病在医院输液的时候，身边有人照顾，痛苦就会有所慰藉。但如果独自一人，痛苦也将加倍。抑郁就是心理情绪的一种病症，很多时候并不是自己能够轻易调节的，需要寻求专业的帮助，寻求朋友的支持，需要周围的人知道自己的病情。

3. 悦纳自己

接受不完美的自己，悦纳不愉快的经历，的确不是一件容易的事。深陷抑郁沼泽的人们都知道任由情绪侵袭是在自我毁灭。我们以为自己的困难早已超出了所能寻求援助的范围，实则不然，这只是被抑郁情绪绑架之后的一种自暴自弃的想法。

当我们深陷痛苦之中时，就会成为井底之蛙，我们看到的只有那黑暗的一小片天空，继而感到绝望、悲戚。但如果我们静下心来审视自己，审视使我们抑郁的经历，不再想不能、不行，而是积极思考解决的办法，我们的生命就会越来越有力量，内心就会越来越快乐。

4. 帮助别人

美国研究人员发现，帮助他人有助于缓解抑郁等情绪问题。研究表明，积极行为，如帮他人买食品或写感谢的小纸条等，是治疗抑郁的有效方法。当我们帮助别人时，脑中会传递大量的多巴胺。我们知道，多巴胺作为一种神经递质，会让人产生一种快乐的感觉。因此，从这个意义上说，"助人为乐"还是有一定科学依据的。

5. 饮食调理

不要忽视饮食对抑郁症状的缓解作用。钾含量丰富的食物，如香蕉、瘦肉、绿色蔬菜等，以及维生素B含量丰富的食物，如鸡蛋、牛奶、谷类等，都能够对抑郁症患者的种种不良症状起到有效的缓解作用。

最后，要提醒大家的是，在物质条件日益丰足的今天，抑郁症越来越普遍，我们不仅要关注身体的疾患，更要关注心理的微恙。

第十章

女人怪诞行为心理学分析

很多时候，女人的思想和行为并不像我们想象的那样莫名其妙。事实上，我们的人生处处都受一些看似怪诞的心理影响。透过现象看本质，才能揭秘女人日常生活中不可思议的心理密码。

情绪黑洞：怪诞行为

行为学家哈福德说，对于世界上的许多问题，我们不要奢望一个完美的解释，我们需要一种解读世界的方法。

在日常生活中，我们经常会见到购物欲望很强的人，他们每天"买买买"，即使是不需要的东西，也要买；还有很喜欢收藏各种玩偶手办的人，虽然他们年纪不小了，但是家里到处都是玩具，似乎永远也长不大；还有经常会莫名其妙流泪的人，甚至旁人觉得并没有什么泪点的时候，他们都能感动得不能自已；有的人方向感差，一个地方去了很多次，仍会迷路，堪称不折不扣的"路痴"……

我的朋友潇潇是个鞋子收集狂。有次，我因为要参加朋友的婚礼，想拉着她去商场逛逛买双鞋，但我左挑右选都没有发现合适的。潇潇拉着我说："走，你要是不介意的话去我家看看，我上周买了几双新鞋，还没穿过，咱俩都是37码的，你试试，要是合适，就给你吧。"朋友婚礼就在第二天，迫在眉睫，看来也只能这样了。

到了潇潇家，我像是走进了商场库房，门厅、衣帽间、卧室都堆满了鞋子，有些连包装都是完整的，简直让我大开眼界。

"你怎么买这么多鞋子啊？穿得过来吗？啊，这两双完全一样啊，为什么买两双？"我边翻看，边问她。

"哈哈，这还是我送人了一些，整理后剩下的，以前更多。"

我这才想起来，每次跟潇潇逛街她都会去买鞋，遇到打折时她更是狂买不止。潇潇是一家上市公司的部门总监，老公也是外企高管，这些鞋子应该对他们的生活质量影响不大，可我还是不能平静："可是这实在太多了啊。"

"可能是因为小时候家境不好吧，那个时候看到邻居小朋友穿新鞋子很羡慕，而我只能穿亲戚家孩子的旧鞋。也就是说，从我有意识以来，直到我自己赚钱之前，我都是穿别人的鞋子，从没有过一双真正属于自己的鞋子。于是我在大学期间就开始想办法赚钱，我给自己买的第一双高跟鞋被我收藏至今，虽然只有两百多块钱，但对当时的我来说，那是属于我的第一双鞋子。我记得我当时特别开心，发誓一定要努力工作，赚更多的钱，买更多的鞋子。"

听到潇潇说这些，我似乎明白了她疯狂购物的原因。诸如潇潇这样的人往往在生活中有自卑感，希望通过购物来发泄某种压抑的情绪，或是用这些外在的物质刺激来填补内心的空虚，结果是"他们只是在买东西的过程中感到快乐，而物品一旦到手就失去了吸引他们的魅力"。我终于明白了潇潇家里为什么有那么多没有拆封的新鞋子。

其实，很多女人都会有自己的小癖好，甚至是一些看似怪诞的行为习惯。这些行为在别人看来，可能是莫名其妙、难以理解的，对行为主体而言，却是习以为常、不以为意的。但是，不管是行为主体还是旁观者，都很少有人去探究这些行为背后的原因。

其实，了解女人这些怪诞行为产生的原因很有必要。对于女性自己来讲，这有利于更好地认识自我，清楚自己真正的想法与渴求，合理调节自己的行为，扬长避短，趋利避害。对于男性来讲，了解女人怪诞行为背后的原因也很有意义，首先，可以帮助自己更加了解和体谅自己的伴侣；其次，还可以此来反观自身，使自己成为更好的伴侣。

自恋癖

小妖是个美人，身材高挑，瓜子脸，大眼睛，双眼皮，高鼻梁，长了一张标准的"网红脸"，只不过和那些"网红"不同的是不会"见光死"。

周末，我和小妖相约逛街，她上身穿的是很考究的印花衬衫，下身穿的是浅蓝色破洞牛仔裤，内搭渔网袜。她化了很精致的妆，踩着高跟鞋，显得光彩照人。

她一见我就亲密地挽住我，和我抱怨她都快一个月没有买衣服了，今天出来一定要满载而归。

我附和着说："好好好，今天一定满足你。"

我俩在商场的服装店里进进出出。只要看到镜子，小妖脚底下就像涂了胶水一样定住不动，对着镜子搔首弄姿地端详自己。她一边看着镜子里的自己，一边从嘴里发出啧啧的感叹声。

我站在旁边，也一边检查自己的妆容，一边对着镜子补了个妆。

我忍不住打趣她："你啧啧什么，牙疼啊？"

她抬了抬下巴说："我是在感慨自己的美貌，我都羡慕我以后的老公，他天天对着这张脸，多下饭啊。要我说啊，'天生丽质难自弃'这句话就是专门为我准备的。"

我说："见过自恋的，没见过你这么自恋的，这么丧心病狂的话都说得出口。这镜子里是有金银财宝还是珍馐美味啊？你一看到就挪不动脚了。"

她偏过头妖媚地一笑，说："这里边有个美人啊。"

我送了她一个白眼。

她反驳我说："还说我呢，你刚才不也对着镜子补了个妆。你看看这个商场里的女人，有几个不是在试衣镜面前左右端详的，所以说女人都自恋。"

我环顾四周，看着试衣镜前欣赏着自己面容和服饰的女人们，她们上一个人离开，下一个人补上，试衣镜也挺忙的。来来往往的女人路过反光的镜面总是情不自禁地放缓脚步，对着镜子嫣然一笑。

我对着小妖说："你长得好看，说什么都对。"

女人爱照镜子，尤其是那些自恃年轻貌美的女人更是如此。她们一照镜子就觉得自己美得不可方物，照完后感觉说话自信了，腰杆也挺直了。

为了满足女人随时都能照镜子的需求，手机有了前置摄像头，自拍的功能取代了一些女人渴望照镜子的诉求，而且更能够满足女人对自我形象追求完美的心态。女人发到朋友圈的自拍照，都是经过精心修改的。我们精心调配光线、角度、背景，再加上修图软件的鬼斧神工，终于营造出了一个完美的自己，而且总会第一时间发到朋友圈来博取大家艳美的目光。

女人的爱自拍和爱照镜子都是基于一样的心理，那就是一种典型的印象管理行为。通过印象管理，可以达到两方面的效果。首先，良好的形象会提高别人对我们的评价，为我们赢得社会声望；其次，从别人那里得到积极的形象反馈，会使我们心情愉悦、自信满满。

至此，我忽然有点理解童话故事里那个摩挲着魔镜、日复一日地问魔镜"谁是这个世界上最美丽的女人"的王后了，也彻底明白了她对美貌的执着。

爱美之心，人皆有之，女人更甚。

闺密癖

前段时间我在知乎上看到一个热议的话题：和闺密渐行渐远是一种什么样的体验？

我敲下这些字：渐行渐远的不是闺密，而是陪你走过一段时光的路人。

真正的闺密，一辈子都不会输给时间，我们一路相互嫌弃，但又不离不弃，我们不必提前思量着要聊些什么，因为我们始终无话不说。

大概几年前，红果情场、职场双失意，所以跑到北京来投奔我，想在我这里蹭吃、蹭喝、蹭温暖。

我去机场接她，她不客气地丢给我一个印有卡通图案的箱子，另一只手挽着我说："胖了啊，这手摸着厚实柔软了不少啊。"

我"投桃报李"："憔悴了不少啊，你看你都有眼袋了。"

红果气急败坏地说："我这是卧蚕，卧蚕懂吗？"

我说："哎呀，这不是和你开玩笑呢吗！"

说着我摸着她的眼睑，恭维道："你看你这个眼妆化得多好啊，简直就是清纯无辜的美少女啊。"

红果笑着，微仰头："这还差不多。"

我们一路说说笑笑地来到了我住的地方。

她一进屋就径直倒在我的大床上。我把窗帘拉开，让阳光照进来，又推了推她打开的胳膊，在她旁边找了个位置躺下来。

她望着天花板说："我生病了，你要养着我，直到我痊愈。"

我说："好。"

自从红果来了以后，我寂寞的单身生活有了一点颜色。我们总是有说不完的话。

晚上我们半卧在沙发上看韩剧，一边聊着剧情，一边对男主角犯花痴。

我把薯片一片片地递到嘴里，咬牙切齿地说："好想被男主来一个'摸头杀'。"

红果用鼻音低低地哼了一声，幽幽地说："我也是……"

越是到晚上，红果越是喜欢拉着我去繁华的商业街，用她的话说就是新的一天才刚刚开始呢。

西单、王府井、三里屯，去过一次她就已经轻车熟路，谁说女人都是路痴？去到"买买买"的地方，红果简直就是导航仪。我有时候甚至怀疑她真的是失恋又失业吗？怎么看起来如此神清气爽呢？

红果到了商业街简直就是到了自己的主场，我们俩游走在各大服装店里。她一手拿着备选的衣服，一手在试衣镜前比试。

我优哉游哉地在里边闲逛，看到她偶尔投来询问的眼光，我就给出中肯的意见。比如，这个圆领口的衬衫显脸大；这条吊带长裙拖脚底了，显得矮……

她看见我脖子上试戴了一个项圈，嫌弃地说："你有脖子吗，还学人家带项圈？"说完，她还露出一个得意的报复式笑容。

你看，有些话真的只能和闺密说，她们比你的爱人更懂你，她们知道你喜欢的穿搭、你的"爱豆"。

红果在我这里待了半个月。她搬走的时候，我嘴上虽然说着终于走了，心里却无比不舍。

红果说："走了，我总不能一直窝在你这里，疗完伤，蓄满精力，我终于可以再次战斗了！"

就在上个月，这个敢爱敢恨的姑娘终于结婚了。婚礼的前一晚，我陪着她。我问她："红果，明天就嫁人了，你紧张吗？"

她将脸转过来面向我说："怕什么，不是还有你吗……"

上学的时候，我们喜欢聚在一起叽叽喳喳地说笑，我们一起谈论隔壁班的校草，一起在宿舍里看韩剧，一起手拉着手去厕所。很多男生觉得女生拉着手一起去厕所这件事挺怪异的，那是因为他们不懂。

长大后，失恋了，我们找闺密哭诉；升职了，我们第一个和闺密分享好消息；谈恋爱了，我们让闺密帮忙参谋……总之，我们生命中的重要时刻都有闺密陪伴着，闺密是一种不可替代的存在。

可以说，闺密对我们来说甚至比男人更重要，因为只有闺密才是最懂我们的。

收集癖

喵喵是我的一个同事，她天生长着一张娃娃脸，甜美可爱。她虽然是年近三十的人了，但是走在校园里依然被男生当作学妹要联系方式。别的同龄人装个嫩、卖个萌都会让人觉得浑身不自在，她做这一切却毫无违和感。

喵喵喜欢小熊玩偶已经不是什么秘密了，她曾在朋友圈里放过一张照片，一个屋子全都是大小不一、颜色各异的小熊玩偶。每到商场，我们都是逛服装店、鞋店、包包店，只有她直奔玩偶店。看到心仪的小熊，她总是眼睛放光，忍不住要买回家。

她还为自己找说辞："这个小熊好可爱，它在勾引我。"

我问喵喵："你为什么那么喜欢小熊呢？"

喵喵笑了一下，眼睛里像是有许多闪烁的星星："在我三岁生日的时候，爸爸送给我人生中的第一只粉色毛绒小熊玩偶，他可能觉得一个女孩就应该喜欢粉色、喜欢小熊吧。于是每年过生日，我都能收到爸爸送的小熊礼物。我是独生女，爸爸妈妈时常不在家，小熊就代替他们陪在我身边。我每天睡觉都抱着它们，还会给它们讲故事。在我心里，它们不仅仅是玩偶，更像是家人。可能这也是每次到商场里我都会格外青睐小熊玩偶的原因吧。"

我想喵喵对玩偶的喜爱可能是因为她比较愿意与玩偶建立长久的依恋关系，还有就是我们都是比较有想象力的人，会将玩偶拟人化，并赋予它们个性。

我喜欢买玩偶的原因就简单多了，我完全是被它们的颜值所征服的。我最喜欢那种很大的玩偶，放在床上能占据一半的位置，晚上睡觉抱着它不但很舒服，也很有安全感。生气的时候，我还可以拿玩偶当出气筒，怎么打都没关系。

其实，每一个女人心中都住着一个小女孩，她们都渴望得到永久的陪伴，可以倾听自己内心的小秘密。玩偶当然是不二选择了，而且每一个玩偶背后都有一个温暖的小故事：纯洁勇敢的大白对主人的忠诚和爱护，温暖、感动了无数少女的芳心；那个无所不能的小叮当，好想坐上它的时光机穿越到心中向往的最美好的那一刻；还有那个叽叽喳喳的"大眼萌"小黄人，让人忍俊不禁的小玩偶，想必没有人会讨厌它吧。

有时候我们偏爱某一种物品，可能是玩偶、香水、包包……仅仅是因为偏爱它们能够温暖我们而已。拥有了它们，我们就拥有了更多的欢愉和快乐。

心理学认为，女人对物品收集的怪癖更是她们对安全感的一种诉求。长大后，我们或多或少都经历过欺骗、背叛与抛弃，我们在处理亲密关系时总是会有心力交瘁的感觉，害怕被愚弄、被嘲讽、被丢弃。而我们身边的这些物件，它们永远不会嫌弃我们聒噪，不会对我们说谎，不会弃我们于不顾。它们是我们最忠诚的盟友、伙伴、亲人，只要我们还愿意留着它们，它们就会永远陪伴着我们。

还有一些女生收藏物品上瘾，大概因为她们天生缺乏安全感。在她们心里，与其将一腔热情投注到一个充满未知的男人身上，远不如怀里抱着属于自己的小物件更踏实。

矫情癖

几年前我看过一部电影，女主饰演了一个外冷内热、嘴硬心软的文艺女青年。

她以一个失恋少女的身份叙说着酸溜溜的旁白，她说多数有着小怪癖的姑娘身后都有一个低姿态的男人在宠着。

如果一个姑娘的癖好是睡觉的时候被子必须盖在双峰之上、锁骨之下，正中华盖穴的位置上，那么一定是有一个在意她的男人，在她熟睡的时候为她盖上被蹬掉的被子，把她结结实实地拥在怀里免于受凉。

如果一个姑娘在月经期间行走里程不能超过一百米，不然就会头晕目眩、四肢无力，那么一定是有一个男人愿意为她鞍前马后，照顾周全。

女人那些矫情的小癖好往往是用来凸显自己的不凡与娇贵的，毕竟，拥有一些小怪癖才能显得自己与众不同。

但是如果是一个寂寥的单身女性，每天叮嘱自己：一定要把被子上的小花露出来，放在阳光照得到的地方，不然小花会不开心，还会枯萎。这样做，很容易让人觉得这位单身女性有点不太正常，甚至被认为她是在矫情，和与众不同扯不上半点关系。

在这个年代，小癖好甚至成了一种个性的标识，有些女性甚至认为，没有什么拿得出手、说得出口的小癖好，和朋友聊天都没有话题。

就像我身边的这些同事，看似各个安分守己，其实各个身怀"绝技"。

人人都爱的善良妹，她说话从来不大声，长了一张人畜无害的娃娃脸，身材却很有料。在公司年会上表演的时候，顶着众人的欢呼声，善良妹动作熟稔地点上一根烟，缓缓吐出一个烟圈，然后那团烟雾就在众人眼前变幻成了一个暧昧的心形，飘散远去。

那个操着一口浓重东北口音的松鼠姐，一笑就露出两颗洁白的门牙。她平时咋咋呼呼、大大咧咧的，却有一个不为人知的小癖好，那就是如果走铺着瓷砖的路，一定要保证自己的脚只踩到瓷砖空格里，一旦踩到边缘线，情绪就会立刻变得不稳定。

隐藏得最深的那个人其实是我，我的小癖好更像是一种强迫症。睡懒觉的时候窗帘必须一拉到底，不能透进来一丝光亮，不然我一定睡不着；回到家里一定要换上家居服才能坐下来；出门前，一定要检查两遍门窗是否锁好……

在这个多元化的时代，人人都追逐标新立异，而追求不同的心态往往是最相同的。年轻女性尤其如此，她们为了着意刻画与别人不同的形象、表现自己特殊性而逐渐形成的小癖好，确实能够证明她们与众不同，甚至是有点矫情。我想这些行为大多是因为我们没有安全感，想要获得认可，要凸显自己的价值而故意形成的。

其实，只要不伤害自己，不伤害别人，这些小癖好和小矫情完全无伤大雅。适当地矫情一下，会让自己显得任性可爱，但如果过分追求不同，过分矫情，只会成为大家眼中的奇葩。

情绪整理：不必压抑自己的天性

怪诞行为是内心欲望的投射

　　研究发现，人们在日常生活中常常不自觉地把内心欲望投射到认知和行为上，但并没有明确意识到自身认知与行为上的怪异是源于内心深处的意愿。心理学家称这种心理现象为投射效应。

　　当这种投射效应发生在我们身上时，我们常常可以通过一个人的认知与行为来推测他的真正意图或心理特征。

　　很多女人路过崭新的车窗或是明亮的橱窗玻璃，常常会驻足不前。而且很多女人都对照镜子情有独钟，那么这一行为意味着什么呢？

　　女人非常注重形象，照镜子能确定自己的仪容仪表，确定自己的存在感，让自己心安。喜欢照镜子的女人希望人们能对她们的社会身份有所认同，而过分沉溺于照镜子的女人对自己的形象十分敏感，还常常伴随着自卑感。此外，喜欢照镜子也是逃避现实的一种表现。

　　闺密是女人生命中不可缺少的一部分，闺密之间性情相投，彼此信赖，相互欣赏，互诉衷肠。我们的软肋，闺密不会去触动；我们的铠甲，闺密和我们一起去守卫。闺密就是这样美好的存在。然而，还是有很多人不明白女性为什么如此需要闺密。

其实闺密正是弥补我们生活缺口的一个存在，闺密能陪我们逛街、聊八卦，闺密是我们分享痛苦与快乐的最佳人选，也是我们减轻对伴侣依赖的最合适的对象。另外，三五成群的闺密小团体能增强女人的归属感和安全感，女人会把闺密看作心灵休憩站，是自己强大的后盾。女人能从闺密那里得到支持，从而也鼓舞了自身的勇气与信心，唤醒个体内在的潜力。

许多女生即使在长大后，对玩偶也依然没有丝毫的抵抗力。她们小时候总是喜欢抱着那个软软的玩偶睡觉，直至长大以后这个习惯依然戒不掉。这时候，有些人难免感到好奇，长大后还迷恋玩偶，这正常吗？

对于很多女生来说，她们每天晚上抱着的不仅仅是玩偶，它们更像是一种陪伴，它们已然成了她们生活的一部分。玩偶有时候是延续与父母依恋关系的一种存在，抱着玩偶入睡，她们以此来寻求一种心理上的安全感。迷恋玩偶的女生大多性格内敛，害怕孤独，缺乏自信与安全感。她们需要更多的关心与爱护。

由此可见，我们每一个看似荒诞的认知和行为都是我们内心欲望的投射，暗示着我们内心亟待被满足的需求。

奇怪的女人才最迷人

女人是善变的，女人情绪上的善变时常让人摸不着头脑，女人的异常行为更让人觉得深不可测。因此，奇怪的女人有一种让男人无法抗拒的魔力。

没有哪个女人的行为举止是绝对正常的。正常其实是一个相对名词，因此，在某些人眼中，可能奇怪的女人才最正常。

奇怪的女人身上有一些普适的怪诞心理，在男人眼里可能觉得不可思议，但在女人身上却能引起共鸣。

例如，有些女人做任何事都没有耐心，也没有办法做到一心一意，以至于怀疑自己患有注意力缺陷多动症；有些女人会在出门前反复确认门有没有锁、燃气有没有关，坐在出租车上害怕发生车祸，走在路上害怕遇见劫匪，坐个电梯害怕坠毁，总是杞人忧天；有些女人则害怕与人交流，每次与人交流都会紧张，手心出汗，想要快速逃离现场。

做一个奇怪的女人其实也不是一件坏事，而且这也不是女人自身能控制的。就像我们每次都信誓旦旦地说要减肥，不"瘦成一道闪电"誓不罢休，但是只要外出逛街途经炸鸡店，下定的决心就会动摇，甚至消失不见；每次我们结伴去购物之前都会叮嘱自己——不要买，不要买，不要买，重要的事情即使说了三遍，我们依然会抱回家一大堆用不到的商品……

"女人心海底针"，说这话的八成是男人。在男人眼里，女人的某些行为让他们很费解，就算倾尽一生也无法参透。

很多男人将女人视为"世界未解之谜"之一，他们觉得女人有时的思维、言语和行为是那样的难以理解：为什么女人洗个澡需要那么久？为什么女人说着"不吃不吃"，却一直往嘴里塞东西？为什么女人明明在生气却说"没关系"？为什么女人不管做什么都喜欢结伴而行，典型的就是上厕所和逛街？为什么女人看韩剧，明明是很烂很俗的剧情却依然能哭得一塌糊涂？

其实，男人对此觉得不理解是很正常的，因为从生物学的角度来看，女人的思维、言行与女人的生理结构密切关联，即女人与男人在生理构造上的不同，导致两者之间自然会表现出方方面面的差异。

比如，女人比男人感性，更注重细节，这些特质表现在生活的方方面面：女人会花更多心思为伴侣准备礼物；女人更能感受到他人的情绪变化；女人去餐厅吃饭的时候，更在意就餐环境，而不是菜品……

这些行为特征本身就属于常人性格中的一部分，也正是这些不同才形成了每个人的独特个性。

总之，每个女人心里都住着一个"小怪兽"，她们会没来由地冒出一些稀奇古怪的想法，而这也正是女人的可爱和迷人之处。

人生就应该本色出演

世界上没有两片完全相同的树叶，也没有两片完全不同的树叶。

因此，当我们在面对和自己性格完全不同、思想与行为方式都与大众有偏差的人时，更应当尊重别人的不同。

当然，当你发现自己和别人不一样时，也不要妄自菲薄，不要为了害怕成为别人眼中的"怪咖"而强迫自己去改变。

每个人都有自己的个性，人生本来就该本色出演。

这是最糟糕的时代，也是最美好的时代。糟糕的地方就在于它太浮躁，让脚步慢的人措手不及，而美好的地方在于这个时代越来越包容，我们可以随心所欲地成为自己。

女人的很多行为都是自发的，本来就不应该被冠上"怪诞"的头衔。喜欢购物的女人无论是对物质生活还是对待感情，心底都潜藏着一股欲望的暗流；容易流泪的女人情感细腻丰富，在感情中容易投入过多，甚至奉献牺牲，这种女人很容易失去理智判断和立场；剪了短发的女人，可能是要和过去说再见，以这种仪式感来迎接新生活，但心中也会有对未知的兴奋和不安；方向感不强、有点"路痴"的女人，往往喜欢依赖别人，缺乏主动性和独立性……

许多貌似旁人不能理解的想法与行为，其实都是她们性格当中的一部分。

对于每个个体我们永远无法收获所有的善意，也无法躲避所有的恶意，作为女人，我们行为怪异、特立独行，但这并不意味着就该受到谴责。只有我们自己知道，我们失望的时候如何疗伤，开心的时候如何表达。

并不是说喜欢去夜店、泡酒吧、打电子竞技的姑娘就不好，她们依然是好女孩。如果做淑女是我们舒服的状态，小家碧玉、大家闺秀任我们挑选，但如果我们只想过痛快洒脱的生活，做一个潇潇洒洒的人，那又何必套上那一身正经的衣裳，整天扭扭捏捏呢？

换个角度来说，做自己，我们才更得心应手，才能活得更加出色。人生不易，本色出演才能将生命诠释得更加精彩、更有味道。更何况我们又不是演员，何必设计那些情节？现代社会生活的压力已经很大了，戴着面具的生活会使人更加不堪重负。

做回自己，找回自己最轻松的状态，这才是生命最本真的状态。

不要为了顾及那些墨守成规的人而委屈和改变自己，如何生活完全应该由我们自己决定。何必拘泥于骂声和嘘声，我们真正需要回应的只有我们自己。

女人要习惯成为自己生命的主人，所谓的独立，也不过是把所有的选择都掌控在自己手里。女人们，让自我醒来，勇敢去做与众不同的自己。

不要让这个世界给你贴上标签

每一个姑娘都有自由洒脱的一面，但这个世界却要求我们收敛自己的天性，做一个别人眼中的好姑娘。

我们依着世俗的教条被拘束在条条框框里，为了不出格、不离群，我们一直压抑着自己的个性。一旦试图跳出这个桎梏，我们就被指责不安分、不正经，被别人看作是思想、行为怪异的奇葩。

青春期是一个姑娘最美、最张扬的年华，在这一时期你有什么想做却没有做的遗憾吗？

没有坐过男孩的机车后座？

毕业之际没来得及向心仪的男生告白？

失恋了却不敢剪一次短发？

没有喝得酩酊大醉过？

即使愤怒到极致依然忍住没有破口大骂？

没有玩到尽兴就按时按点地回了家？

伤心时没有肆无忌惮地大哭一场？

……

为了成为别人眼中的好女孩，我们总是规规矩矩地生活，以至于错过了很多成为自己或更接近自己的时刻。

我身边不乏一些敢想敢做的"怪女人"。

莉莉喜欢每天换一套衣服，不同服饰搭配映射不同的心情。

身边人说，穿衣服还是要有自己的风格。莉莉却说，她不是没有个性，她只是每天都有新的性格。

采洁爱好化妆，每天都会坐在梳妆台前两个小时打扮自己。

身边人说，采洁已经很漂亮了，没必要再浪费时间在化妆上。采洁却说，每天她都要给自己最亮眼的装扮，这样她才开心。

楠木是学艺术的，不爱音乐舞蹈、形体美术，却迷上了计算机编程。

身边人说，女孩不适合这种工作。楠木却说，谁说女孩一定要上得厅堂、下得厨房？她有自己的套路。

阿雅恋上了一个比她大十岁的大叔，每天不遗余力地穷追猛打。

身边人说，女人要有女人的矜持，女人太主动，男人是不会珍惜的。阿雅却说，暗恋的确美好，但她更喜欢爱就大声说出来。

方琼厌倦了现在生活的安逸，拿着五年的积蓄打算来一场说走就走的旅行。

身边人说，她现在还年轻，正是拼事业的时候，旅行这种事退休以后再做。方琼却说，废话不说，废事不做，废时不待，她要的就是现在。

其实，我也很感慨，身边的人话可真多啊。

小时候，我们都希望自己可以与众不同，长大后我们反而害怕自己成为异类，于是拼命地证明自己合群，证明我们和大家是一类人，证明我们是大众眼中正常的人。

其实，我们根本不需要压抑自己的天性，不需要做一个别人眼中的正常人。我们只要忠于自己的内心，快乐地活出自己，就够了。

女人本身就是喜欢猎奇的生物，不用理会别人的期待，不要让这个世界给我们贴上标签。对任何女人而言，每一秒都能做自己，才是最酷的事。

别让情绪失控害了你

人们都说女人柔情似水，这种柔情能使疾言厉色化为温言软语，能使百炼钢化作绕指柔，能使寒冰消融，能使春风化雨。

女人温柔起来真温柔，情绪一旦失控，破坏力比暴风雨也有过之而无不及。女人情绪失控时早已不记得什么仪态与修养，她们只想尽情地宣泄、埋怨、低泣、怒吼、咆哮，和之前那个"最是那一低头的温柔"的女人判若两人。

虽然大家都欣赏女人情绪正常时的状态，要么温柔如水，要么明艳动人。但是，我们应该认识到，每个人都难免会有小情绪，女人也不例外。尤其是在当今社会，我们每天都在喜怒忧思悲恐惊中不断地转换。人不可能永远处在情绪正常的状态，生活中既然有挫折和烦恼，就会有消极的情绪。一个心理成熟的人，不是没有消极情绪，而是善于调节和控制自己的情绪。

随着女权主义的呼声越来越高，女性在社会中扮演的角色越来越趋于多样化，权利与责任并行，压力也就越来越大。重压之下，女人的情绪问题以各种各样的形式一一显现。好在情绪管理正逐渐成为潮流，似乎情绪上出现的任何波澜，我们都可以向情绪管理索要答案。

这一切可能都要归功于情绪失控的女人杀伤力太大，负面情绪发展到一定程度，情绪的暴力就会衍生肢体的暴力，造成难以预料的伤害。情绪失控的危害不仅体现在失控者自己身上，也会波及身边的人，这一点是毋庸置疑的。可以想象，如果我们长时间和一个情绪极不稳定的人生活在一起，那么不但我们原有的好心情、好性格会被大大削弱，还要时刻遭受惊恐、压抑的折磨，时间久了，难免会崩溃、绝望。而情绪易失控的人也会因此失去很多重要的东西。

情绪容易失控的女人，很难获得幸福。

没有人会为我们的情绪失控埋单，但事件的不可控性终将使我们身边的人遭受伤害，我们也终将为自己的不理智、不成熟付出代价。

处于极度情绪化中的女人，会失去理智，失去思考力和判断力，觉得任何风吹草动都会对自己造成威胁和伤害，之后便抱着宁愿玉石俱焚的态度，开始毫无章法地进行反抗。

这种内心巨大的无序和失控，距离毁灭他人只有一步之遥。

应该有很多人都害怕和情绪失控的人打交道，尤其是这个情绪失控的人是我们生活中无法逃避的一部分：孩子遇到过于情绪化的父母，初入职场的人遇到过于情绪化的上司……当你的爱人脾气变得时好时坏，那对你来说，可能每天都像生活在地狱中一样。

人生在世，就注定要经历起起伏伏，无论是身处逆境之时，还是顺风顺水之时，都不要让负面情绪剥夺我们的幸福生活。即便世事浮沉，也别忘了善待自己，拥有善待自我的人生观，才能真正管理好自己的情绪。

当我们学会温柔地对待这个世界时，这个世界也会对我们温柔以待。